Einführung in die thomistische Metaphysik X

Die Schöpfung

Einführung in die thomistische Metaphysik X

Die Schöpfung

Miguel Grosso

Erstausgabe April 2024
Copyright © 2024 Miguel Alberto Grosso
ISBN 9798321855355
grossomiguel2005@yahoo.com.ar
Unabhängige Veröffentlichung
Alle Rechte vorbehalten

Originaltitel: *Introducción a la Metafísica Tomista X*
La creación
Autor: Miguel Grosso (2020)

INHALTSVERZEICHNIS

1. BEGRIFF DER SCHÖPFUNG 1
2. SCHÖPFUNG IN PLATON 3
3. SCHÖPFUNG IN ARISTOTELES 8
4. SCHÖPFUNG IN PHILO VON ALEXANDRIA 13
5. SCHÖPFUNG IN PLOTIN 19
6. SCHÖPFUNG IN SANKT AUGUSTINUS VON HIPPO 25
7. SCHÖPFUNG IN PSEUDO-DIONYSIUS 31
8. SCHÖPFUNG IN JOHANN SCOTUS ERIGENA 35
9. SCHÖPFUNG IN SANKT THOMAS 42
10. DIE SCHÖPFUNG IN DER *SUMME GEGEN DIE HEIDEN* 62
ZUM ABSCHLUSS 93
ENDNOTEN

1. BEGRIFF DER SCHÖPFUNG

Der Begriff der Schöpfung kann philosophisch in vier Bedeutungen verstanden werden:[1]

1-Menschliche Produktion von etwas aus einer vorausgehenden Realität. Das produzierte Objekt muss nicht notwendigerweise in dieser Realität vorhanden sein. Dies ist der Fall bei der menschlichen Produktion kultureller Güter, insbesondere bei der künstlerischen Produktion oder Kreation. Diese Bedeutung ist häufig mit den Bedeutungen (3) und (4) verbunden, die wir sofort betrachten werden. Der Schöpfer, insbesondere der Künstler, wurde manchmal mit einem Demiurgen und manchmal mit einem endlichen Gott verglichen, der nur in der Lage ist, endliche Dinge zu produzieren. Einerseits wurden der Künstler und Gott als Schöpfer im Sinne von (4) verglichen; andererseits wurden sie als "Produzenten" oder "Schöpfer" im Sinne von (3) verglichen.

2-Natürliche Produktion von etwas aus einer vorausgehenden Realität. In diesem Fall ist die Wirkung nicht in der Ursache enthalten, oder es besteht keine strikte Notwendigkeit für diese Wirkung. Dies wurde insbesondere von Autoren verwendet, die die Hypothese der Evolution der Welt und biologischer Arten entwickelt haben. Ein Beispiel hierfür ist das Konzept der "schöpferischen Evolution" bei Henri Bergson (1859-1941).

3-Göttliche Produktion von etwas aus einer vorausgehenden Realität. Dabei entsteht aus dem Chaos eine Ordnung. Dies wurde von den Griechen ausführlich behandelt. Sie konnten keine andere Form der Schöpfung zulassen, gemäß dem Prinzip *ex nihilo nihil fit*.[2] Diese Produktion wurde als ποίηση *(poíisi)* bezeichnet, das heißt: Poesie, Werk, Produktion. Sie konnte auf verschiedene Weisen und in verschiedenen Realitäten stattfinden: die Produktion des Universums, organischem Sein, von vom Menschen konzipierten Objekten usw. Als sie darüber nachdachten, stießen sie auf bestimmte Schwierigkeiten: Denken zu produzieren scheint nicht dasselbe zu sein wie ein Objekt zu produzieren. Dennoch versuchten die Griechen, eine Produktionsweise aus der anderen zu verstehen. Einige - vor allem Epikureer, teilweise Stoiker - versuchten, die Produktion des Denkens durch Analogie mit der Produktion von Dingen zu erklären. Andere - hauptsächlich Neuplatoniker - gingen den umgekehrten Weg. Diese letzte Vorstellung verbreitete sich schnell gegen Ende der antiken Welt und führte zu einer Vorstellung von Produktion oder Schöpfung als Emanation.

4-Göttliche Produktion von etwas aus dem Nichts oder *creatio ex nihilo*. Dies ist der eigentliche Sinn der jüdisch-christlichen Tradition, der uns besonders interessiert.

Um den Beitrag von Sankt Thomas zum Verständnis dieses Konzepts in seiner ganzen Tragweite zu verstehen, müssen wir ein wenig Geschichte der Philosophie betreiben. Darüber hinaus ist es wichtig, das äußerst bedeutende Erbe aus der jüdischen Schrifttradition angemessen zu würdigen, das keineswegs geringer ist bei der Formulierung dessen, was wir heute als Schöpfung verstehen. Wir müssen bis zu den Griechen zurückgehen, insbesondere zu den großen Denkern wie Plato, Aristoteles und Plotin, sowie zur Entwicklung des Konzepts bei den ersten christlichen Philosophen, bevor wir zum Engelhaften Doktor gelangen.

Diese Verknüpfung unterschiedlicher Konzepte wird uns helfen, das Werk des Aquinaten zu verstehen und wie er versuchte, die jüdische Vorstellung von creatio ex nihilo mit einigen Elementen der griechischen Philosophie zu verbinden, die bereits von Heiligen Augustinus, dem Pseudo-Dionysius und Johannes Scotus Eriugena vorgegriffen wurden, die offensichtlich die platonische Seite bevorzugten, im Gegensatz zu Thomas, der trotz der Übernahme vieler Dinge aus dem Platonismus überwiegend aristotelisch ist.[3]

2. SCHÖPFUNG IN PLATON

Der *Timaios* ist ein Dialog, der in Platons (427-347 v. Chr.) Alter geschrieben wurde, genauer gesagt um das Jahr 360 v. Chr.

(...) wir werden sagen, dass die Erzählung des Timaios als eine mythologische Erzählung oder Rede definiert werden kann, durch die Plato eine Theorie darlegt, von deren Wahrheit er fest überzeugt ist, die er aber nur durch den Rückgriff auf den Mythos und nicht mit der gewöhnlichen Methode der begründeten Argumentation ausdrücken kann.[4]

Darin erscheint die Figur des **Demiurgen**, die Schlüssel zum Verständnis der Schöpfung nach dem Philosophen der Akademie ist. Es ist wahr, dass Anspielungen auf den Demiurgen in zahlreichen platonischen Dialogen zu finden sind, angefangen beim *Gorgias* (388-385 v. Chr.) über *Philebos, Kratylos, Der Staat* bis hin zum Dialog mit dem Titel *Sophistes*. Dennoch spielt diese Figur im *Timaios* eine herausragende Rolle.[5] In diesem Dialog, wie wir gerade zitiert haben, greift er auf die **Kosmogonie** zurück, um die Realität zu erklären.

Unter "Kosmogonie" versteht man im Allgemeinen den Mythos der Erschaffung der Welt, während die Kosmologie vorzugsweise die allgemeine Theorie über die Welt als eine organische Gesamtheit ist, das heißt, die Untersuchung der allgemeineren Gesetze, die ihre Entwicklung und Ausdehnung regeln.[6]

Im *Timaios* lehrt Plato, dass der Demiurg Gott ist. Für ihn ist die Welt, die wir kennen, das Ergebnis des Eingreifens eines höheren Wesens. Wie wir sehen werden, wirkt er eher als Konstrukteur, Macher, Formgeber oder Handwerker als als eigentlicher Schöpfer. Tatsächlich beginnt der Demiurg seine Aufgabe mit einer Materie, die immer existiert hat; nicht aus dem Nichts, sondern aus Unordnung oder Chaos. Er nimmt die Formen oder Wesenheiten aus der Welt der Ideen als Vorlagen für sein Design.

Es gab einen geringeren Gott oder Demiurgen, der dafür verantwortlich war, diese Ideen in die Materie zu formen, und das wäre richtig die schöpferische Akt nach Plato, die, wie man sieht, aus vorher existierenden Elementen zusammengesetzt ist. So ist die Schöpfung in Platons Sinne sehr begrenzt und reduziert auf eine Komposition. Tatsächlich war es in der griechischen Denkweise weit verbreitet, dass im Grunde nichts erschaffen oder zerstört wird, sondern nur transformiert wird.[7]

Eine aktualisierte Interpretation des *Timaios* hebt das Vorhandensein eines triadischen Schemas im Mythos hervor:

1-Eine **Ursache**, die der Demiurg wäre

2-Ein **Produkt**, die sinnliche Welt oder das Universum, das Ergebnis der Aktion des Demiurgen

3-Ein **Material**, dargestellt durch die *khóra* (als der räumliche Bereich, in dem das Werden stattfindet, und das Material, aus dem die Dinge gemacht sind), auf die der Demiurg seine ordnende Tätigkeit ausübt

---

Das Schema wird durch die Referenz auf das Modell *(parádeigma)* bereichert, das die Welt der Ideen ist.[8]

Bedeutende Platoniker wie Giovanni Reale (1931-2014) und Luc Brisson (1946) glauben ihrerseits, dass der Demiurg ein eigenständiges metaphysisches Prinzip darstellt. Direkt verantwortlich für die Generierung des Universums, das daher handwerklich hergestellt ist. Seine Herstellung erfordert ein Material, das das universelle Rezeptakel ist; und ein Modell, das aus der Welt der Ideen besteht. Innerhalb dieses ontologischen Schemas, das von zahlreichen Interpreten explizit oder implizit übernommen wird, ist der Demiurg die effiziente Ursache des Universums: Er ordnet handwerklich das vorhandene Substrat nach dem Vorbild der Ideensphäre und erzeugt so das sinnliche Universum, das eine Kopie des Intelligiblen ist.[9]

Wie man sehen kann, hat der Mythos zu vielfältigen Interpretationen geführt und führt weiterhin zu solchen. Wie dem auch sei, es gibt einen unbestreitbaren Kern, den wir zu spezifizieren versuchen werden.

Es ist klar, dass der platonische Demiurg das Universum aus dem Chaos heraus schafft. Er erscheint als die effiziente Ursache für die Ordnung in der Welt. Durch sein Handeln formt er die Gegenstände dieser Welt nach dem Modell der subsistierenden Ideen, Formen oder Wesenheiten, die als exemplarische Ursache gelten. Daher unterscheiden sich diese vollständig vom Demiurgen. Die Ideen sind nicht nur "außerhalb" dieser Welt der sinnlichen Dinge, sondern auch "außerhalb" von Gott (dem Demiurgen). Zu keinem Zeitpunkt sagt Plato, dass der Demiurg die Ideen geschaffen hat oder ihre Quelle war. Im Gegenteil, er sagt, dass sie von ihm verschieden sind.

(...) im Timaios stellt Plato den Demiurgen als denjenigen dar, der Ordnung in die Welt einführt und die natürlichen Objekte nach dem Modell der Ideen oder Formen gestaltet. Wahrscheinlich ist der Demiurg ein Symbol, das die Vernunft repräsentiert, von der Plato zweifellos glaubte, dass sie in der Welt wirkt.[10]

Plato beschreibt den Demiurgen als denjenigen, der geometrische Formen den primären Qualitäten im "Rezeptakel" oder Raum verleiht. Er ordnet das Ungeordnete, indem er das intellektuelle Reich der Ideen als Modell für den Bau der Welt nimmt. Er konzipierte die Schöpfung nicht in der Zeit oder *ex nihilo*. Die platonische Erklärung ist vielmehr eine Analyse, durch die die organisierte Struktur der materiellen Welt, das Werk einer vernünftigen Ursache, von dem "urzeitlichen" Chaos unterschieden wird.[11]

Der kosmogonische Mythos von Platon besteht im Wesentlichen darin, eine übergeordnete Gottheit zu postulieren, ein Sein, das in der Lage ist, ein bestimmtes Material zu manipulieren, um, indem es die idealen Archetypen vor sich hat, die einzige mögliche Welt zu erschaffen.[12]

Aristoteles lehrt in der *Metaphysik* Bücher I, XIII und XIV, dass für Platon die Ideen, Formen oder subsistierenden Wesenheiten, Zahlen sind. Die sinnlichen Dinge dieser Welt existieren durch Teilnahme an den Zahlen.

Der Grund, warum Platon Formen mit Zahlen identifiziert, scheint die Notwendigkeit zu sein, die mysteriöse und transzendente Welt der Formen zu rationalisieren oder intelligibel zu machen. Intelligibel machen bedeutet in diesem Fall, das Prinzip der Ordnung zu finden.[13]

Der platonische Demiurg produziert die Welt nicht aus dem Nichts, wie der schaffende Gott des Christentums, sondern trifft bereits auf eine ewige Materie. Er ist eher ein Former als ein Schöpfer. Dieser Gedanke beeinflusste über viele Jahrhunderte den Westen bis in die Zeit von Galileo. Auch das Mittelalter las und bearbeitete diesen Dialog. Doch es interpretierte ihn neu, indem es im Allgemeinen den Former oder Gestalter als Schöpfer der Welt verstand.[14]

Zusammenfassung der dargelegten Ideen

1-Platon entwickelte sein Konzept der Schöpfung im *Timaios* ausgehend von einer Kosmogonie, die mit dem Höhlengleichnis verbunden ist.

2-Er führte die Figur des Demiurgen ein. Das ist Gott, konzipiert als ordnende Vernunft.

3-Der platonische Demiurg hat die Welt erschaffen, aber nicht so, wie wir es verstehen, dank des jüdisch-christlichen Einflusses. Er hat sie nicht aus dem Nichts erschaffen.

4-Der Demiurg hat die Welt eher geformt als erschaffen. Er formte sie aus der vorher existierenden, ewigen und ungeschaffenen Materie, um Ordnung ins Chaos zu bringen. Weder formte noch konzipierte er die Ideen, die im *Topos Uranos* sind. Die Ideen sind ebenfalls vorher existierend, ewig und ungeschaffen.

5-Der Demiurg formte die Welt und regelte sie, indem er die Ideen, Formen oder subsistierenden Wesenheiten, die auf Zahlen reduzierbar sind, als Modell für die Dinge nahm. Die Welt hat daher eine mathematische Ordnung.

6-Die Materie existierte vor dem Demiurgen. Sie war immer vorhanden.

7-Die Welt ist ewig. Sie hat kein Ende.

8-Der platonische Demiurg ist nicht der christliche Gott. Er ist kein Objekt der Anbetung oder des Kultes.

9-Die Interpretation, wonach der Ursprung der Welt oder des Kosmos im Reich der Ideen sein exemplarisches Prinzip hat; im Rezeptakel, Raum oder *khorá* seine materielle Ursache und im Demiurgen seine effiziente Ursache, fand nicht viele Anhänger unter den antiken Interpreten Platons und setzte sich jedenfalls in einer relativ fortgeschrittenen Phase der Geschichte des Platonismus durch.[15]

3. SCHÖPFUNG IN ARISTOTELES

Für Aristoteles ist die Welt ewig. Sie hat immer existiert. Sie wurde von niemandem erschaffen. Diese Idee leitet sich von seiner Auffassung von Bewegung ab, die, wie wir bereits wissen, jede Veränderung oder Mutation umfasst, die in den Seienden auftreten kann.

Es gibt jedoch diejenigen, die der Meinung sind, dass Aristoteles nicht sehr explizit bezüglich der Ewigkeit oder Nicht-Ewigkeit der Welt war. So bekräftigt er im achten Buch der *Physik* und im ersten Buch *De Coelo* die Ewigkeit der Welt, nur um die Lehren bestimmter Altertümer zu widerlegen, die ihr einen inakzeptablen Beginn zuschrieben. Darüber hinaus sagt er in den *Topica* I, 9, dass es dialektische Probleme gibt, für die es keine demonstrative Lösung gibt, wie zum Beispiel die Frage, ob die Welt ewig ist.[16]

Der Stagirit behauptet, dass, wenn die Zeit zu existieren beginnen könnte, es eine Zeit vor der Zeit selbst geben müsste. Aber das ist widersprüchlich. Nun, da die Zeit wesentlich mit der Veränderung verbunden ist, muss auch diese ewig sein. Wenn die Bewegung immer existiert hat, muss es auch immer einen Beweger gegeben haben, da Bewegung nur in einem Beweglichen existiert. Folglich hat die Welt immer existiert.

In der Tat ist das Werden eine unvermeidliche Tatsache der Realität. Wie das Sein der Seienden. Um die Veränderung zu erklären, die in den Seienden beobachtet wird, ohne dass sie aufhören, das zu sein, was sie sind, entwickelt er die Lehre von der Aktualität und der Potenzialität.

Bei Aristoteles ist die Bewegung also ewig: Sie zu beginnen oder zu beenden würde bereits eine Bewegung erfordern. Wer sie beginnt, wird "Erster Beweger" genannt. "Erster" sollte nicht im zeitlichen Sinne verstanden werden, sondern im Sinne von Höchstes: Der Erste Beweger ist die ewige Quelle der ewigen Bewegung.

Der Erste Beweger bewegt die Seienden durch Anziehung oder Verlangen, als wäre er ein Magnet, der sie aus der Trägheit herausholt. Er wirkt als Endursache der Seienden, indem er sie zu sich zieht. Er ist kein Schöpfergott: Die Welt existiert seit aller Ewigkeit, ohne jemals geschaffen worden zu sein.

Bei Aristoteles gibt es keine eigentliche Idee der Schöpfung, da Gott effektiv nichts verursachen kann. Er hat nichts mit der Entstehung der Welt zu tun, die ewig ist. Aber Gott ist Güte, und deshalb ist er das Objekt der Liebe aller Dinge. Er bewegt als Endursache, nicht als effiziente Ursache. Und darüber hinaus unterhält er in dieser Linie keine Vorsehung mit der Welt, obwohl er zum Beispiel sagt, dass man mit ihm Freundschaft haben kann.[17]

Die zitierte Aussage, wonach der Erste Beweger die Endursache ist, geht auf eine Interpretation zurück, die erstmals von dem ersten großen Kommentator der aristotelischen *Metaphysik*, Alexander von Aphrodisias (150-249), streng formuliert wurde. Seiner Meinung nach wäre der unbewegte Beweger das Objekt der Liebe des Himmels, der, belebt, sich kreisförmig bewegen würde, indem er die Unbeweglichkeit des unbewegten Bewegers durch die Bewegung nachahmt, die ihm am ähnlichsten ist, nämlich die kreisförmige Bewegung. Alexanders Interpretation wurde, wenn auch mit einigen Unterschieden, von allen Kommentatoren aufgegriffen, sowohl von den Alten wie Themistios (317-388), als auch von den mittelalterlichen, wie dem sogenannten Pseudo-Alexander (wahrscheinlich der byzantinische Michael von Ephesus), den Muslimen Avicenna und Averroes, und von Sankt Thomas, sowie von den Renaissancekommentatoren, darunter Jacopo Zabarella. Es war Franz Brentano (1838-1917), der diesen Ansatz in Frage stellte, indem er die effiziente Kausalität des Ersten Bewegers behauptete und dem Stagiriten echten Kreationismus zuschrieb. Dies provozierte die Reaktion von Eduard Zeller (1814-1908), der solche Aussagen bestritt. Im 20. Jahrhundert war es William David Ross (1877-1971), der im zwölften Buch der aristotelischen *Metaphysik* einige Passagen entdeckte, die den unbewegten Beweger als die Bewegungsursache des himmlischen Bewegungs betrachten lassen. Er behauptete jedoch erneut, dass es sich um eine Endursache handelt; und dass sie keine effiziente Ursache sein kann, weil sie keinen Willen hat. Daher schlug Ross erneut die traditionelle Interpretation vor.[18]

Gott "bildet" die Welt. Gott erschafft die Welt nicht. Er "bildet" die Welt, weil er die höchste Quelle der Bewegung ist. Aristoteles hat keine Lehre über die göttliche Schöpfung des Universums oder über die Vorsehung.

Nach Aristoteles' Ansicht, wenn Gott die Bewegung mit einer physischen effizienten Kausalität produzieren würde - "indem er ihm einen Stoß gibt", sozusagen -, dann würde er selbst auch verändern: Es würde eine Reaktion des Bewegten auf den Beweger stattfinden. Daher muss Gott als Endursache handeln und ein Objekt der Wünsche sein.[19]

Der Erste Beweger ist reiner Akt, das heißt, ohne jede Beimischung von Potenz. Absolut immateriell, denn Materie impliziert Potenzialität und Veränderung. Er ist der Erste unter den Wünschenswerten und der Erste unter den Intelligiblen.

Unter der Voraussetzung der Ewigkeit der Welt und der Bewegung konzipiert er einen Ersten Beweger, der die Veränderung ohne Veränderung in ihm selbst verursacht, der sich bewegt, ohne sich zu bewegen. Er kann die Bewegung nicht unterlassen, denn wenn er es täte, wären Bewegung oder Veränderung nicht notwendigerweise ewig, wie sie es sind.

Es ist nicht klar, wie viele unbewegte Beweger von Aristoteles konzipiert wurden. So gibt es in der *Physik* drei Passagen, die sich auf eine Vielzahl beziehen, und in der *Metaphysik* wird auch von mehreren Bewegern gesprochen. Dieses Thema war im Laufe der Geschichte eine Quelle der Kontroverse.

Schon zu Zeiten des Theophrastus (etwa 371 v. Chr. - etwa 287 v. Chr.) hielten sich einige Aristoteliker an die Lehre eines einzigen unbewegten Bewegers, da sie nicht sahen, wie die unabhängigen Bewegungen, die durch die Vielzahl von Motoren verursacht wurden, in Einklang gebracht werden könnten. Diese Vorstellung einer Vielzahl von Motoren führte dazu, dass mittelalterliche Philosophen annahmen, dass die Intelligenzen oder Engel die Sphären (d.h. die Sterne) *bewegten. Indem sie sie dem Ersten Beweger unterordneten, d.h. Gott, und von ihm abhängig machten, übernahmen sie die einzige mögliche Position, denn für Harmonie müssen die anderen Motoren in Subordination zum Ersten Beweger bewegt werden und sie müssen ihm intellektuell und wunschmäßig, direkt oder indirekt, das heißt hierarchisch, verbunden sein. Dies wurde bereits von den Neuplatonikern verstanden.*[20]

Als immateriell kann der Erste Beweger keine körperliche Handlung ausführen. Folglich ist seine Aktivität rein geistig und daher intellektuell. Seine Aktivität ist das Denken. Was ist das Objekt seines Denkens?

(...) das Objekt Gottes muss das beste aller möglichen Objekte sein, und das Wissen, das Gott hat, kann keineswegs ein Wissen sein, das Veränderung, Empfindung oder Neuheit impliziert. Daher erkennt Gott sich selbst in einem Akt ewiger Intuition oder Selbstbewusstsein. Daher definiert Aristoteles Gott als "Denken des Denkens" (...).[21]

Auch ist es nicht klar, ob der unbewegte Erste Beweger der eine Gott ist oder ob es neben ihm andere Götter gibt. Was auch immer es sein mag, es ist klar, dass es sich um den aristotelischen Gott handelt. Als solcher ist er weit entfernt von dem Schöpfergott des Christentums: Er erschafft weder diese Welt noch kennt er sie; und kein göttlicher Plan wird im Universum gemäß seinen Absichten erfüllt.

Zusammenfassung der dargelegten Ideen

1-Aristoteles lehnt das Konzept der Schöpfung aus vorbestehender Materie ab, das von Platon ausgearbeitet wurde; und er ist völlig fremd für ihn, die Schöpfung aus dem Nichts.

2-Die Welt ist ewig wie die Bewegung und die Zeit. Die Schöpfung existiert nicht.

3-Es gibt einen unbewegten Ersten Beweger, der die Seiende durch Anziehung bewegt.

4-Der Erste Beweger ist die Endursache und nicht die effiziente Ursache der Seiende. Er "bildet" die Welt als Quelle des Begehrens der Seiende. Aber er erschafft nichts.

5-Der Erste Beweger ist der aristotelische Gott. Er hat nicht die Eigenschaften des christlichen Gottes. Er interessiert sich nicht für die Welt oder die Menschen. Es gibt keine göttliche Vorsehung.

4. SCHÖPFUNG IN PHILO VON ALEXANDRIA

Auch als "Philon der Hebräer" oder "Philon der Jude" bekannt, ist er die bedeutendste Figur der jüdisch-hellenistischen Philosophie. Er wurde um 25 v. Chr. in der Stadt Alexandria geboren und starb kurz nach dem Jahr 40 in Rom.[22] Sein Denken ist ein Vorläufer des Neuplatonismus von Plotin.

(...) Er ist eine Schlüsselfigur, um die tiefe Beziehung zwischen Judentum und Hellenismus im ersten Jahrhundert n. Chr. zu verstehen. Als praktizierender Jude und aufgrund seiner profunden Kenntnis der griechischen Sprache, Literatur und insbesondere der Rhetorik, war er eine außergewöhnliche Persönlichkeit seiner Zeit, sowohl für seine Auslegung der Tora (oder des Pentateuch) als auch für seine apologetischen, historischen und philosophischen Schriften.[23]

Zu dieser Zeit hatte Alexandria eine bedeutende jüdische Gemeinde, und es ragte unter anderen Städten als ein großes intellektuelles Zentrum des Mittelmeerraums heraus.

Besonders in Alexandria machte sich der Einfluss griechischen Denkens auf den hebräischen Geist bemerkbar (...).[24]

Als wahres Zentrum der jüdisch-hellenistischen Philosophie akzeptierte die Diaspora tatsächlich die griechische Dominanz, und durch Denker wie Philo wurde der Versuch unternommen, die Philosophie dieser Kultur mit der Theologie der Schriften in Einklang zu bringen.

Der religiöse Impuls im philosophischen Denken der hellenistischen Periode wurde besonders von Philo von Alexandria wiederbelebt, in einer Zeit, die als Vorbereitung des Neuplatonismus betrachtet werden kann.[25]

Philo war ein großer Bewunderer der griechischen Philosophen. Er versicherte, dass man in ihnen dieselbe Wahrheit finden konnte wie in den Schriften und der Tradition des jüdischen Volkes.

(...) Er versuchte zweifellos, die gebildeten Juden davon zu überzeugen, dass man nicht auf die religiöse Vergangenheit verzichten musste und dass die Treue zum Gesetz nicht im Widerspruch zu einer Vertiefung hellenistischer Ideen stand.[26]

Daher war seine Arbeit hauptsächlich apologetisch, und er bemühte sich, das Erbe seines Volkes mit der heidnischen Weisheit in Einklang zu bringen.

Seine Absicht war daher nicht, die jüdische Orthodoxie zu zerstören oder zu ersetzen, sondern sie mit der Philosophie zu versöhnen ... und dabei gleichzeitig die Einhaltung des Gesetzes zu bewahren.[27]

Sein Konzept der Schöpfung verbindet die biblische Lehre mit der griechischen Tradition. Obwohl er sich deutlich von Platon und Aristoteles unterschied, wurde er von beiden beeinflusst, hauptsächlich vom Ersteren.

Es gab jüdische Autoren wie Philo von Alexandria, die versuchten, diesen Platonismus oder genauer gesagt Neuplatonismus mit dem hebräischen Glauben zu verbinden; aber es musste immer neu gestaltet werden, damit die Ideen nicht als etwas Fremdes für Gott erschienen, und damit Gott aus dem Nichts schuf, und es keinen Demiurgen gab, der es tat, sondern Gott selbst (...).[28]

Philo beginnt seine philosophische Reflexion mit dem Alten Testament.

Gottes Vorstellung bei Philo ist viel lebendiger als die philosophische Vorstellung der Griechen. Er ist absolut transzendent, ist das völlig Andere, besser als gut, vollkommener als vollkommen; Dieser Gott ist zudem ein persönlicher Gott.[29]

De Opificio Mundi ist sein *Traktat über die Erschaffung der Welt*, der viele Anklänge an den *Timaios* hat. Er bemerkt zahlreiche Parallelen zwischen der platonischen Kosmogonie und dem mosaischen Schöpfungsbericht. Er konzentriert sich auf die ersten drei Kapitel der

Genesis. Der Ursprung der Welt wird einem ungeschaffenen Schöpfer zugeschrieben, der sich um das kümmert, was er geschaffen hat. Philo macht recht kühne Bemerkungen. Zum Beispiel behauptet er, dass die Schöpfung nicht an sechs Tagen stattgefunden haben kann, da diese nach dem Lauf der Sonne gemessen sind, die wiederum Teil der Schöpfung ist. Ebenso bezeichnet er die Erschaffung Evas aus der Rippe Adams als Mythos.[30]

Gottes Vorstellung bei Philo ist unaussprechlich, er ist jenseits menschlichen Denkens. Rein, absolut einfach, frei und selbstgenügsam. Er nimmt keinen Raum oder Ort ein. Transzendent, übersteigt er sogar die Ideen von Gutem und Schönem. Filon wiederholt, dass wir, um ihn zu verstehen, *zuerst Gott sein müssten, was unmöglich ist.* Wir erkennen ihn durch unmittelbare Intuition oder Ekstase und nicht durch Wissenschaft.[31]

Gott bei Philo schafft aus dem Nichts. Es könnte nicht anders sein. Dieses Konzept hat keine Entsprechung in der griechischen Philosophie. Er ist kein einfacher Bildhauer oder Handwerker, wie der platonische Demiurg. Auf diese Weise bricht Philo mit dem konventionellen Denken der intellektuellen Zentren seiner Zeit, was beachtenswert ist.

Das Wort Schöpfung wurde ausgesprochen und wird nicht aufhören, sich zu wiederholen, was zweifellos weitreichende Folgen haben wird.[32]

Dieses zweifellos biblische Konzept interpretiert Philo als **Schöpfung aus einer ewigen Materie** im Sinne der griechischen Philosophie. Wir sind daher noch weit vom christlichen Denken entfernt.

Unser Autor mochte es, die Schriften allegorisch zu verstehen, wenn er es für angebracht hielt. Er zeigt, dass man mit Recht nicht sagen kann, dass Gott sich bewegt, da er nichts Körperliches hat. Er erkannte zwei Bedeutungen in den anthropomorphen Passagen der Schriften: eine höhere, nicht anthropomorphe und eine niedrigere, anthropomorphe, die für gewöhnliche Menschen angemessen ist.[33]

Das Konzept der Schöpfung bei Philo ist mit einem anderen verbunden: dem *Logos*. Es ist das Erste, was Gott hervorbrachte. Es ist wirklich anders als Gott, untergeordnet ihm. Es ist das Bild Gottes oder vielleicht besser noch: das Gesicht Gottes, das der Realität zugewandt ist. Durch ihn drückt sich Gott aus und handelt. Es ist eine unkörperliche Substanz, das immaterielle Wort oder die Stimme Gottes. Es ist der Ort, an dem die platonischen Ideen lokalisiert sind. Es ist nicht der biblische Jahwe. Es ist nicht Gott. In seiner gesamten Vorstellung vom *Logos* wird Philo gleichzeitig von den Weisheitsbüchern des Alten Testament, dem Platonismus und den Stoikern beeinflusst.

Die philonische Philosophie, insbesondere in Bezug auf den Logos, hat mehr mit dem Neuplatonismus zu tun als mit dem christlichen Trinitarismus.[34]

Der *Logos* ist das Instrument Gottes bei der Gestaltung der Welt. Er ist das vorbildliche Modell der Schöpfung. Gott schuf die Welt durch den *Logos*, der sie regiert und erhält.

Deshalb sollte, wenn gesagt wird, dass es einen schöpferischen Logos gab (was aus dem Platonismus und dem Stoizismus stammt), dies nicht so verstanden werden - wie es hätte passieren können - als ein Demiurg oder als eine Gottheit, die von Gott unterschieden ist, sondern als ein Aspekt von ihm.[35]

Wenn das Alte Testament in der Beschreibung der Theophanien den *Engel Gottes* erwähnt, identifiziert Philo ihn mit dem *Logos*.

Für ihn ist der Logos die Idee der Ideen, die Kraft der Kräfte, der höchste Engel, der Stellvertreter und Gesandte Gottes, der eingeborene Sohn Gottes, der zweite Gott; er ist die Weisheit und Vernunft Gottes, durch die die Welt erschaffen wird, und er ist die Seele der Welt, die alles belebt.[36]

Der *Logos* ist das erste der intermediären Seienden, die Philo zwischen Gott und der materiellen Welt unterscheidet. Die anderen sind die

Potenzen. Sowohl der *Logos* als auch die Potenzen unterscheiden sich jedoch deutlich von der Gottheit. Sie sind nicht Gott. Sie haben ihre eigene Natur.

Der Einfluss von Philo innerhalb seiner Gemeinschaft war gering. Er wurde von ihnen desqualifiziert, weil er in seiner intellektuellen Arbeit die *Septuaginta* oder die *Bibel der Siebzig* verwendete, die griechische Version des Pentateuch (Genesis, Exodus, Levitikus, Numeri und Deuteronomium). Genauso wie seine allegorische Interpretation der Tora.

Obwohl zweifellos der Einfluss von Philo auf das christliche Denken übertrieben wurde, muss anerkannt werden, dass der Philonismus mit seiner Betonung der absoluten Transzendenz Gottes, der Existenz intermediärer Seienden und dem Aufstieg der Seele zu Gott, der im Ekstase gipfelt, den Weg für den Neuplatonismus bereitet hat.[37]

Zusammenfassung der dargelegten Ideen

1-Philo von Alexandria ist ein griechischer Philosoph jüdischer Herkunft, der versucht, die Schriften mit dem griechischen Denken in Einklang zu bringen.

2-Sein Konzept der Schöpfung ist grundsätzlich biblisch. Dies, während es die eigene Neuheit der Schöpfung einschließt, die völlig fremd für das griechische philosophische Denken ist. Gott ist nicht mehr der platonische Demiurg, ein einfacher Bildhauer oder Handwerker. Jetzt ist er der Schöpfer.

3-Er bricht mit der hebräischen Tradition, indem Gott aus einer ewigen Materie schafft.

4-Gott schafft durch den *Logos* oder *Nous*. Der *Logos* ist das Bild Gottes, von ihm hervorgebracht. Aber von anderer Natur. Er ist nicht Gott.

5-Der *Logos* ist das erste der intermediären Seienden zwischen Gott und der materiellen Welt; und durch sie verbindet sich Gott mit den Menschen. Die übrigen intermediären Seienden werden Potenzen genannt. Alle erinnern an die biblischen Engel.

6-Seine Vorstellung vom *Logos* hat keine Beziehung zum Christentum, sondern zu den biblisch-sapienzialen Büchern, zu Platon und den Stoikern.

5. SCHÖPFUNG IN PLOTIN

Dieser griechische Philosoph wird als Begründer des Neuplatonismus betrachtet.[38] Außerdem betrachtete er sich selbst als den wahren Erben und Anhänger Platons.[39]

Der Neuplatonismus übte einen mächtigen Einfluss im Mittelalter durch den heiligen Augustinus, Boethius, den Pseudo-Dionysius und Johannes Scotus Eriugena aus. Dieser Einfluss erfolgte hauptsächlich durch Proklos "Elementatio Theologica" und das darauf basierende "Liber de Causis".[40]

Sein genauer Geburtsort ist umstritten. Plotin wurde 203 oder 204 geboren. Sein Schüler Porphyrios bevorzugt das Jahr 205 oder 206. Obwohl er kein Christ war, zeichnete er sich durch eine tiefe Spiritualität aus.

Der Neuplatonismus ist nicht nur Philosophie, sondern auch Religion. Das sollte uns nicht überraschen. Der griechische Geist war immer offen für religiöses Denken. Der Orphismus hatte etwas Mystisches; Empedokles war Philosoph, Priester und Prophet; Platon schreibt über Frömmigkeit und zählt sie zu den Kardinaltugenden; Aristoteles schreibt über Gebet, Theophrastus und Eudemus über Gott und seinen Kult. Angesichts des Tempelhügels von Agrigent wird verständlich, dass dieses Volk selbst in seiner Blütezeit ein religiöses Volk war.[41]

Sein Schüler Porphyrios (232-304) formte die Schriften des Plotin systematisch, indem er sie in sechs Bücher unterteilte, von denen jedes aus neun Kapiteln bestand. Daher der Name *Enneaden*, -Neunheiten, Neuner(gruppen)- unter dem seine Werke bekannt sind.

Plotin hat ein Konzept der Schöpfung, das sich von dem Platons und Aristoteles' unterscheidet. Wie sie unterstützt er nicht die Schöpfung *ex-nihilo*, wie es der jüdisch-christliche Glaube verlangt. Er erklärt den Ursprung der Welt und aller Seienden aus dem Konzept der **Emanation**.

Plotin hebt zunächst eine klare Trennung zwischen der Welt und Gott hervor. Für Plotin ist Gott die höchste Gottheit, über dem Sein. Er ist das Super-Sein, das alles Sein übersteigt, das wir erleben können. Er nennt es das **Eine**. Es ist das Eine im Sinne der Negation des Vielfachen und daher des konkreten "Seienden". Und es ist das Eine im Sinne des Ersten von allem.[42]

Gott ist absolut transzendent: Er ist das Eine, über allem Denken und allem Sein erhaben, unaussprechlich und unverständlich (...). Weder Wesenheit, noch Sein, noch Leben können dem Einen zugeschrieben werden, und das natürlich nicht, weil es unter keinen dieser Dinge unterlegen ist, sondern weil es mehr ist als alle: Das Eine kann nicht identisch sein mit der Summe der individuellen Dinge, denn diese benötigen eine Quelle, ein Prinzip, und ein solches Prinzip muss von ihnen verschieden und logischerweise vor ihnen liegen.[43]

Das Eine ist vor allem Seiende und kann nicht mit einem der Seienden verwechselt werden.

Das Eine fehlt sowohl an Vielfalt oder Teilung als auch an Dualität zwischen Substanz und Akzidens. Deshalb schreibt Plotin dem Einen keine positiven Attribute zu.

(...) Dem Einen können wir weder legitimerweise Denken, noch Wollen, noch Handeln zuschreiben. Denken nicht, weil das Denken eine Unterscheidung zwischen dem Denkenden und dem Gedachten impliziert; auch Wollen nicht, weil das Wollen ebenfalls eine Unterscheidung impliziert; und auch kein Handeln, weil es dann eine Unterscheidung zwischen dem Handelnden und dem Objekt geben würde, auf dem es operiert. Gott ist das Eine, frei von jeder Unterscheidung: Nicht einmal von sich selbst kann er sich unterscheiden, und daher liegt er jenseits des Selbstbewusstseins.[44]

Das Eine ist nicht nur ein weiteres Seiende. Es steht über allen Seienden. Wir können es nicht als eines von ihnen betrachten. Plotin schreibt ihm nur folgendes zu:

> 1-Die Einheit
> 2-Die Güte

Aber nicht verstanden als Eigenschaften, die dem Einen innewohnen, sondern als Prädikate seiner eigenen Essenz. So ist das Eine das Gute oder die Güte eher als das eigentliche "gut". Dennoch erkennt er an, dass diese Prädikate unzulänglich sind und nur analog auf Gott angewendet werden können.

Alles, was wir sagen können, reduziert sich daher darauf, dass das Eine - obwohl Gott in Wirklichkeit über dem Sein steht - einzigartig, unteilbar, unveränderlich, ewig, ohne Vergangenheit oder Zukunft ist und ständig sich selbst gleich bleibt.[45]

Die Welt entspringt dem Einen aus Notwendigkeit. Es ist ein notwendiges Prinzip, dass das weniger Perfekte aus dem Vollkommen hervorgeht. Aber das Eine bleibt immer dasselbe, ohne sich zu verändern. Plotin wird sagen, dass man es mit der Sonne vergleichen kann, die ohne irgendeine Verminderung zu erleiden, beleuchtet. Und mit einem Spiegel: Das Objekt, das sich darin spiegelt, erscheint verdoppelt, ohne dass es selbst Veränderungen oder Verluste erfährt.

Alles, was ist, fließt aus dem Einen, denn dieses Eine, da es äußerst vollkommen ist, muss notwendigerweise überlaufen. Das verlangt die Natur des Guten. Das Gute breitet sich aus, behauptet ein späteres Sprichwort. Plotin verwendet viele Bilder, um diese Tatsache auszudrücken. Was ist, kommt vom Einen, sagt er, wie Wasser aus der Quelle, wie der Baum aus der Wurzel, wie das Licht aus der Sonne, wie der Bogen aus dem Zentrum, wie das Unvollkommene aus dem Vollkommenen, wie die Kopie aus dem Archetyp.[46]

Für einige Autoren fällt Plotin mit seiner Konzeption des Einen in den Pantheismus.

(...) Er hatte tatsächlich ein pantheistisches System (...) alles entstand durch eine göttliche Emanation, die aufeinanderfolgende Stufen oder Stadien annahm, von den höheren Sein bis zu den niedrigeren. Da die Welt eine Emanation Gottes ist, stehen wir vor einem Pantheismus, in dem auch das Konzept der Schöpfung sehr indirekt und unvollständig ist.[47]

Für andere Autoren ist Plotin weit davon entfernt, ein Pantheist zu sein.

Es scheint, dass Plotin die Idee ablehnt, dass Gott frei aus dem Nichts erschafft, weil dies Veränderungen in der göttlichen Natur implizieren würde. Ebenso akzeptiert er keine vollständig pantheistische Vorstellung von der Gottheit, die sich direkt in den individuellen Geschöpfen manifestiert, noch unterstützt er die Vorstellung, dass Gott sich auf irgendeine Weise selbst verteilt. Zusammenfassend sucht er ein Gleichgewicht zwischen dem Glauben an eine göttliche Schöpfung einerseits und andererseits einer vollständig pantheistischen oder monistischen Sichtweise.[48]

Er beschreibt im Einen zwei Emanationen:

1-Der *Nous*
2-Die Seele

So ist es bei Plotin von Bedeutung, vom Einen, vom *Nous* und von der Seele zu sprechen. Für jeden von ihnen taufte sein Schüler Porphyrios die Bezeichnung **Hypostase** oder Seinsform. Das Kennen des Einen, des *Nous* und der Seele bedeutet, den Prozess der Emanation zu kennen.

Das Eine ist Gott; die anderen beiden Hypostasen sind außergöttlich, obwohl der Geist (d. h. der Nous) häufig als göttlich bezeichnet wird, da in diesen Fällen "göttlich" nur bedeutet, ähnlich wie Gott zu sein.[49]

Νοῦς, die erste Emanation des Einen, ist der Gedanke oder Geist. Es wird häufig mit dem Demiurgen des *Timaios* identifiziert. Tatsächlich spricht Plotin vom Einen und nennt es *Nous* und Demiurgen. Er nennt es auch den Sohn Gottes. Er sagt, dass das Eine die Sonne ist und der *Nous* das Licht der Sonne ist. Es ist das Abbild des Einen, der Blick, mit dem das Eine auf sich selbst schaut und ein Anderer wird. Im *Nous* existieren die Ideen oder platonischen Formen.

Aus dem *Nous* entspringt die Seele, die die Seele der Welt ist. Unkörperlich und unteilbar, bildet sie die Verbindung zwischen der übersinnlichen Welt und der Welt der Sinne. So ist sie nicht nur nach oben zum *Nous* hin orientiert, sondern auch nach unten zur Welt der Natur. Die individuellen menschlichen Seelen stammen aus der Weltseele. Jede von ihnen existierte vor ihrer Vereinigung mit einem Körper und wird nach dem Tod dieses Körpers überleben.

Die Emanation oder Prozession bei Plotin geht nach unten. Alles entspringt letztendlich dem Einen. Aber aus dem *Nous* entspringt die Seele und aus der Seele die sinnliche Natur und die Materie.

Plotin beschreibt den Prozess der Emanation als Ausstrahlung von Licht, das vom Zentrum ausgeht und sich von ihm entfernt, bis es immer undurchsichtiger wird, bis es sich vollständig in der totalen Dunkelheit auflöst, die die Materie ist. Die Materie ist an sich die Abwesenheit von Licht und das Gegenteil des Einen, von dem sie stammt.

Zusammenfassung der dargelegten Ideen

1-Plotin konzipiert die Schöpfung nicht wie Plato oder Aristoteles. Er unterstützt auch nicht das jüdisch-christliche Konzept der Schöpfung aus dem Nichts.

2-In der Welt gibt es drei Arten von Sein oder Hypostasen: das Eine, den *Nous* und die Seele.

3-Das Sein entspringt durch Emanation aus dem Einen. Dieses, das die eigene Güte ist, gießt diese Güte aus, indem es den *Nous* und die Seele aus sich heraus emanieren lässt. Die Emanation sinkt in Bezug auf die Adel des Seins: Alles kommt vom Einen. Aber dieses strahlt den *Nous* aus; aus dem *Nous* entspringt die Seele und aus der Seele die sinnliche Natur und die Materie. Aber in diesem ganzen Prozess wird nichts ohne das Eine verstanden und nichts ist ohne das Eine. Alle sind von seinem Sein abhängig.

4-Das Eine ist Gott, der *Nous* ist der Gedanke oder Geist und die Seele ist die Weltseele, aus der die menschliche Seele stammt. Im *Nous* befinden sich die Ideen oder platonischen Formen.

5-Das Eine ist nicht der Schöpfer, sondern der große Emanator der Seienden.

6. SCHÖPFUNG IN SANKT AUGUSTINUS VON HIPPO

Er wurde am 13. November 354 in Tagaste geboren und starb während der Belagerung durch die Vandalen am 28. August 430 in Hippo. Beide Städte befinden sich im Königreich Numidien (unter römischem Herrschaft), im Norden Afrikas.[50] Es sollte angemerkt werden, dass er in der letzten Stadt Bischof war bis zu seinem Tod.

Sankt Augustinus (...) ist die patristische Ära. Er umfasst alles. Er überliefert auch alles an die Zeit, die ihm folgt. Er ist der Meister des Westens. Sein Werk ist monumental.[51]

Gewiss war Augustinus ein brillanter Geist und ein produktiver Schriftsteller. Seine philosophischen Ideen sind nicht systematisiert: man muss sie aus seinen theologischen Abhandlungen extrahieren.

(Seine Philosophie) *impliziert eine Theorie der materiellen Welt, eine Theorie, die aus Elementen früherer Denker besteht, die in eine christliche Struktur eingefügt sind.*[52]

Augustinus entwickelte nie ein philosophisches System als solches, noch hat er seine philosophischen Ideen auf die Weise entwickelt, definiert oder festgelegt, wie es für den Thomisten üblich ist.[53]

Als Mann von umfassender Bildung kannte Sankt Augustinus den Manichäismus, bevor er zum Glauben fand. Getrieben von seinem Wunsch, diesem gerecht zu werden, fand er im Neuplatonismus, hauptsächlich von Plotin übernommen, das geeignete intellektuelle Werkzeug für seine Zwecke.

Dieser Vater des Christentums versuchte, seine christlichen Ideen mit dem Platonismus und dem Neuplatonismus zu verbinden.[54]

Aus dieser platonischen Tradition entlehnt er die Vorstellung von **exemplarischen Ideen** *(Ideae exemplares)*. Es sind die Ideen, Formen oder Wesenheiten, die im *Topos Uranos* wohnen. Als solche sind sie auch die Typen, Modelle und ursprünglichen Exemplare der einzelnen und sinnlichen Dinge. Schließlich sind diese letzten wie Eindrücke, Bilder, Nachbildungen und Teilhaber an jenen Ideen. Die Welt der Formen ist die reale Welt und die Welt der sinnlichen Dinge ist die Welt der Erscheinungen.

Die Frage ist, dass Augustinus exemplarische Ideen in den Verstand Gottes setzt und nicht in einer entfernten Welt der Ideen. Der Verstand Gottes ist seine Weisheit, sein *Logos* oder Wort, der genau derjenige war, der die Schöpfung vollzogen hat. Es ist nicht der platonische Demiurg. Es ist die Zweite Person der Dreifaltigkeit.

Er unterstützt die Schöpfung aus dem Nichts durch einen Akt des freien Willens Gottes. Erinnern wir uns daran, dass in Plotin die Welt durch Emanation Gottes entsteht, ohne dass er sich dabei auf irgendeine Weise verändern würde. Aber für Plotin, im Gegensatz zu Augustinus, handelt Gott nicht frei, was in seiner Lehre unzulässig gewesen wäre. Im Gegenteil, Gott handelte aus natürlicher Notwendigkeit. Denn seine Güte ergoss sich und zwang ihn notwendigerweise zur Schöpfung.

Die Lehre der freien Schöpfung aus dem Nichts kann nicht im Neuplatonismus gefunden werden, es sei denn, man macht eine Ausnahme für ein oder zwei heidnische Denker, die höchstwahrscheinlich vom christlichen Denken beeinflusst wurden. ***Augustinus könnte gedacht haben, dass Plato die Schöpfung in der Zeit aus dem Nichts gelehrt habe, aber es ist unwahrscheinlich, trotz der Interpretation des Timaios durch Aristoteles, dass Plato wirklich beabsichtigt hätte, so etwas zu implizieren.***[55]

Augustinus lehnt die Lehre der Emanation ab. Er meint, sie zu akzeptieren würde die Veränderlichkeit Gottes zugeben. Außerdem neigt er, wie andere Kirchenväter, dazu, Plotin im pantheistischen Sinne zu interpretieren.[56]

Alle Seienden verdanken ihr Sein Gott. Das ist es, was Sankt Augustinus mit seiner Lehre der Schöpfung betonen möchte: dass jede Kreatur ihr Sein von Gott abhängig ist.

Welche Materie hat Gott für die Schöpfung verwendet? Eine Materie mit Form oder ohne Form?

Wenn es formlos wäre, führt Augustinus eine doppelte Unterscheidung ein:

> 1-Dass die Materie absolut formlos wäre,
> oder
> 2-Dass sie nur im Vergleich zu vollständig geformter Materie formlos wäre, das heißt, eine Materie, die die Fähigkeit hat, eine Form zu empfangen

Im ersten Fall ist es dem Nichts gleichwertig. Deshalb sagt er, dass *das, woraus Gott alle Dinge erschaffen hat, das ist, was weder Gestalt noch Form besitzt; und das ist nichts anderes als das Nichts.*

Im zweiten Fall ist eine solche Materie nicht vollständig nichts. Es ist etwas: Es hat das Sein, das es hat, nur von Gott. Deshalb überlegt er, dass *selbst wenn das Universum aus einer formlosen Materie geschaffen worden wäre, diese Materie selbst aus etwas geschaffen wurde, das absolut nichts war.*

Wir sehen also, dass in beiden Fällen behauptet werden könnte, dass Gott aus dem Nichts geschaffen hat. Aber welche Annahme ist die richtige, die erste oder die zweite?

Die Fähigkeit, eine Form zu empfangen, ist ein Gut, und was ein Gut ist, kann keine absolute Sache sein. Die Materie, die so betrachtet wird, ist auch eine Schöpfung Gottes. Es geht den geformten Dingen nicht zeitlich voraus, sondern zusammen mit der Form. Er identifizierte es mit dem

Himmel und der Erde, die in *Genesis* 1,1 erwähnt werden, wo es heißt, dass *Gott am Anfang Himmel und Erde schuf.*[57]

Für Augustinus hat Gott also nicht aus dem Nichts eine Urmaterie *(materia prima)* geschaffen, sondern Materie und Form gemeinsam. Folglich ist die zweite Annahme richtig.

Die Zeit entsteht mit der Schöpfung. Sie begann zusammen mit ihr zu existieren. Wenn es nicht so wäre, müsste man zugeben, dass die Schöpfung auf einmal stattgefunden hat. Mit anderen Worten, es war eine gleichzeitige Schöpfung. In diesem Fall wäre die Welt ewig. Aber Augustinus lehnt diese Möglichkeit ab.

Man kann nicht sagen, dass er es in der Zeit geschaffen hat, denn für Gott existierte es nur mit der Zeit, das heißt, die Zeit begann zusammen mit der Schöpfung zu existieren. Die Zeit, wie Aristoteles sagte, ist das Maß der Bewegung, und da Gott keine Bewegung hat, weil diese Unvollkommenheit impliziert, gab es keine Bewegung, und es konnte kaum Zeit geben, die ihr Maß ist. Bis die Dinge begannen, gab es Bewegung, und auch von da an gab es Zeit.[58]

Im Rahmen der Schöpfung stellt Augustinus seine Lehre der *rationes seminales* vor, die von Sankt Thomas abgelehnt wurde. Es wird angenommen, dass er von Plotin und den Stoikern inspiriert wurde.

Rationes seminales (äquivalent zu den *logoi spermatikoi* des Stoizismus) sind Keime der existierenden Seienden. Unsichtbare Kräfte. Sie wurden von Gott am Anfang geschaffen. Sie entwickeln sich mit der Zeit und unter geeigneten Bedingungen gemäß dem Plan der göttlichen Vorsehung.

Diese Lehre wird aus einer streng exegetischen Notwendigkeit heraus etabliert, indem sie den Widerspruch zwischen zwei biblischen Texten aufzeigt. Einerseits, gemäß dem Buch *Ecclesiastes*: *Der Ewige hat alles zusammen geschaffen.* Andererseits, gemäß dem Buch *Genesis*, erschienen Fische und Vögel zum Beispiel erst am fünften Tag der Schöpfung, während das Vieh und die Tiere des Landes erst am sechsten Tag erschienen. Um beide widersprüchlichen Texte miteinander zu versöhnen, sagt Sankt Augustinus, dass Gott sicherlich am Anfang alle Dinge zusammen erschaffen hat, aber dass er sie nicht alle unter denselben Bedingungen erschaffen hat. Einige wurden unsichtbar erschaffen, im Sein Potenz, als Keime. Mit einem Wort: in ihren *rationes seminales*. Dies gilt für Pflanzen, Tiere und Menschen. Auf diese Weise wird das Buch *Genesis* verstanden, wonach Gott am Anfang alle Vegetation der Erde schuf, bevor sie tatsächlich auf der Erde wuchs, sogar den Menschen selbst. Abschließend bezieht sich das Buch *Ecclesiastes* auf die keimhafte Schöpfung. Das Buch *Genesis* bezieht sich auf die abgeschlossene Schöpfung, in ihrer aktuellen Form.[59]

Sankt Bonaventura verglich die ratio seminalis mit dem Rosenknospen, der noch nicht die Rose ist, sich aber zur Rose entwickeln wird, wenn die notwendigen positiven Faktoren vorhanden sind und die negativen oder behindernden Faktoren fehlen.[60]

So umfasst die Schöpfung bei Augustinus die Vergangenheit, die Gegenwart und die Zukunft. Sie ist sowohl simultan als auch sukzessiv. Es geschah folgendermaßen: Gott schuf in einem einzigen Akt und gleichzeitig alle existierenden Seienden. Das erste, was er schuf, war die Materie, ohne die Formen, die sie später bestimmen würden. In dieser Materie legte Gott die *rationes seminales* ab und ließ sie sich entwickeln und, unter geeigneten Bedingungen, ans Licht kommen. Sie sind die Präsenz der platonischen Ideen oder Essenz in den Dingen, als ihre natürlichen Formen. Mit anderen Worten: Den exemplarischen Ideen in Gottes Geist entsprechen die Keime oder *rationes seminales*, die Gott in der Materie sät. Der Bericht des Buches *Genesis* wird nicht wörtlich verstanden.[61] Die "Tage", die erwähnt werden, sollen die Grade der Vollkommenheit der Dinge hervorheben, von Mineralien bis zum Menschen. Den Mineralien ließ Gott die Form, die sie immer haben sollten. Für sie war die Schöpfung mit diesem Schöpfungsakt abgeschlossen. Aber den Lebewesen (Pflanzen, Tieren und menschlichen Kreaturen) ließ er ihre Form in keimhafter, ursächlicher oder potenzieller Weise, so dass sie werden konnten, was sie in ihrer Vollkommenheit sein sollten. In diesem Fall ist die Schöpfung sukzessiv.[62]

Zusammenfassung der dargestellten Ideen

1-Sankt Augustinus entwickelte seine Philosophie aus dem Neuplatonismus und legte sie in seinen theologischen Abhandlungen dar, ohne sie zu systematisieren.

2-Die exemplarischen Ideen, die laut Plato in der Welt der Ideen wohnten, setzt Augustinus in den Geist Gottes.

3-Der Geist Gottes ist die Zweite Person der Dreifaltigkeit. Das Wort oder *Logos*. Er ist nicht der platonische Demiurg.

4-Er unterstützt die Schöpfung aus dem Nichts *(ex nihilo)*, durch einen freien Akt des göttlichen Willens.

5-Gott schafft mit der Zeit, die zusammen mit der Schöpfung entstanden ist. Er erschafft nicht in der Zeit, denn die Zeit hat für Gott nicht existiert.

6-Gott schuf zuerst die Materie und verlieh ihr Form. Es ist keine Ur-Materie. Es sind Materie und Form zusammen. Die Schöpfung aus dem Nichts sollte als Schöpfung aus der von Gott geschaffenen Materie verstanden werden.

7-Die Schöpfung ist sowohl simultan als auch sukzessiv. In einem einzigen Akt erschuf Gott alles Existierende. Mineralien in dem Zustand, in dem sie für immer bleiben sollten. Und den Lebewesen, in ihren *rationes seminales*. Diese werden unter angemessenen Bedingungen und gemäß dem göttlichen Plan zur Geburt der lebenden Seienden führen.

7. SCHÖPFUNG IN PSEUDO-DIONYSIUS

Sein System ist neuplatonisch, deutlich von Proklos beeinflusst.

Der Neuplatonismus hatte viele Schulen. Sie werden oft wie folgt unterschieden: die Schule von Plotin selbst, mit Porphyrios und anderen; die syrische Schule von Iamblichos († 330); die Schule von Pergamon, zu der auch Kaiser Julian der Abtrünnige gehörte; die Schule von Athen, an der Proklos lehrte (411-485); die alexandrinische Schule mit den großen Kommentatoren von Platon und Aristoteles; der Neuplatonismus des lateinischen Westens, mit Macrobius, Calcidius, Boethius und anderen.[63]

In diesem Autor sind Gott, sein Wissen und die Schöpfung tief miteinander verbunden:

Wir haben nicht die gnoseologischen Mittel, um auf die hypertranszendentale Ursache zuzugreifen. Was wir jedoch über diese Ursache wissen, sind ihre Wirkungen, was von ihr verursacht wird und durch nichts anderes als sie selbst. Was wir von ihr wissen, ist, wie viel von ihr in ihren Wirkungen bleibt. Was angesichts ihrer totalen Unaussprechlichkeit bereits viel ist. Daher besteht der einzige menschlich zugängliche Weg, über Gott (das Unsagbare) zu sprechen, darin, über die Schöpfung zu sprechen (die uns bekannt ist und die wir zumindest grundlegend erfassen können).[64]

Der Pseudo-Dionysius versucht, die neuplatonische Theorie der Emanation mit der christlichen Lehre der Schöpfung zu vereinen. Er nuanciert den Einfluss der Philosophie mit der Lehre der Schriften.

Die Seienden ergeben sich aus Gott durch äußere Prozessionen von Ihm. Er erschafft alles aus den exemplarischen und ursprünglichen Ideen, die in seinem Geist existieren. Er ist die effiziente Ursache aller Seienden. Und er ist auch ihre letzte Ursache. Als solche zieht er sie an. Gott zieht alle Dinge zu sich, als das Gute.

Da die Seienden von Gott durch Schöpfung herabsteigen, legt er Wert darauf, ihre Hierarchie hervorzuheben. Dafür folgt er einer neuplatonischen Skala von Graden der Vollkommenheit, bei der das Höhere das Spirituellste ist und das Niedrigere zum Materiellsten abrutscht. Er beginnt mit Gott selbst, der der Ursprung von allem ist, geht über die Geister bis hin zu den leblosen materiellen Dingen.

(...) in der Skala des Seins kommt die himmlische Welt der reinen Geister, und seltsam für uns, aber im System der Alten verständlich, das Licht, denn sie betrachteten das Licht als ein unverkörpertes Seiendes. Danach kommt die irdische Welt, mit der menschlichen Seele als der höchsten, und dann folgen alle Lebewesen und die Leblosen. Darüber hinaus kennt und regiert Gott alle Kreaturen, die er gemacht hat.

Er verfällt nicht in den Pantheismus, denn zu jedem Zeitpunkt lässt er die Transzendenz Gottes unberührt.

Für Pseudo-Dionysius ist der erste der Namen Gottes Güte oder das Gute, da jeder Name, den man ihm geben kann, einem Geschenk der göttlichen Güte entspricht. Alle Seiende verdanken ihr Sein, ihre Beständigkeit, ihre Stabilität, ihre Erhaltung und die Ordnung zwischen ihnen dem göttlichen Gut.[65]

Gott ist an sich selbst betrachtet das Sein. In Bezug auf seine Geschöpfe ist er das Gute.

Er wird in *Die göttlichen Namen* sagen, dass *Gott der Anfang und das Ende aller Dinge ist. Der Anfang als ihre Ursache; das Ende als ihr letztes Ziel.*

(...) da Gott allen Dingen, die sind, Existenz verleiht, wird gesagt, dass er durch die Produktion von existierenden Dingen aus sich selbst vielfältig wird; aber gleichzeitig bleibt Gott eins im Akt der "Selbstvervielfältigung" und auch undifferenziert im Prozess der Emanation.[66]

Die Welt ist eine Emanation der göttlichen Güte, aber sie ist nicht Gott. Alle Seiende nehmen an seiner Güte teil. Aber sie sind nicht Gott. Er bleibt immer eins. Außerdem ist die Schöpfung ein natürlicher und spontaner Ausdruck seiner Güte, der seine Macht nicht beeinträchtigt, was ihn nicht weniger macht. Gott bleibt immer er selbst. Manchmal spricht man, als ob Gott aus einer Notwendigkeit seiner Natur heraus erschaffen würde. Dadurch wird das Konzept der Schöpfung als freier Akt des göttlichen Willens recht verschleiert.

Die Schöpfung ist ein Akt der göttlichen Güte.

Die Schöpfung entsteht aus dem "wohltätigen Wunsch", sie ist das Werk des Guten und als solches das Ergebnis des Überflusses des Guten, alles, was Er tut, ist gut und kann nur gut sein.[67]

Wir haben zu Beginn dieses Kapitels gesagt, dass das Konzept Gottes und die Erkenntnis Gottes, das Pseudo-Dionysius entwickelt, eng mit dem Konzept der Schöpfung verbunden ist. Gott ist das unaussprechliche und unerkennbare Sein, wir können ihn nur durch die Schöpfung (die sein Effekt ist) kennenlernen. Der Weg der Negation *(via remotionis)* wird uns dabei helfen, ihn zu enthüllen. Eine Erklärung der Schöpfung kann angeboten werden, indem man einen Vergleich mit dem Akt des Denkens zieht. In diesem Text, der es verdient, reproduziert zu werden, kann man knapp und klar lesen:

*Die Schöpfung funktioniert in diesem manchmal verstörend platonischen System fast wie (und ist im Wesentlichen vergleichbar mit) einem **Akt des geistigen Reflektierens**: Beim Reflektieren erzeugen wir einen Gedanken; wir stellen ihn vor unseren Geist, als wäre er etwas Eigenes, aber ohne dass er deshalb nicht ganz unser eigener ist; nachdem wir ihn betrachtet und bewertet haben, integrieren wir ihn wieder in unseren Geist, machen ihn auf eine jetzt zustimmendere und bewusstere Weise "unser", und daher "eigener". Dasselbe gilt für das große metaphysische Projekt des Dionysius: Seine Ontologie beschreibt den "reflektierenden Akt" Gottes, dessen Gedanke - in der von diesem Beispiel festgelegten Analogie - der*

Schöpfung entspricht [Phase 1], die auf diese Weise als etwas "Eigenes" (im Sinne von "an sich selbst") betrachtet werden kann, ohne dass sie nicht Sein (in diesem Aspekt "eigenes Gottes") ist [Phase 2], und die bei ihrer Rückkehr zu ihrer Ursprungsquelle mehr im Besitz Gottes ist als zuvor [Phase 3]. Die gleichzeitige Epistemologie, die von Dionysius vorgeschlagen wird, lautet daher: Indem man sich vollständig als Schöpfung, als göttlichen Gedanken, versteht, erfasst das geschaffene Sein alles, was vom Schöpfer, der es denkt, erkennbar ist.[68]

Zusammenfassung der dargelegten Ideen

1-Der Pseudo-Dionysius wird von dem neuplatonischen Philosophen Proklos beeinflusst.

Gott ist, in Proklos' Sprache, das Super-Eine, das Super-Gute, das Super-Vollkommene, das Super-Sein.[69]

2-Gott -sein Wissen- die Schöpfung sind in seiner Philosophie eng miteinander verbunden, so dass eine Parallele zwischen diesen drei Konzepten und dem Akt des menschlichen Denkens gezogen werden kann.

3-Gott erschafft durch Emanation seiner Güte. Die Seienden entstehen durch äußere Prozessionen von Gott.

4-In Bezug auf die Geschöpfe ist Gott das Gute.

5-Gott erschafft aus der Notwendigkeit seiner Natur. Das Konzept der Schöpfung als freier Akt Gottes wird.

8. SCHÖPFUNG IN JOHANN SCOTUS ERIGENA

Johann Scotus Erigena wurde 810 in Irland geboren und starb 877. "Erigena" bedeutet "gehörig dem Volk von Erin". "Scotus" ist im Zusammenhang mit Irland zu verstehen (und nicht mit Schottland), da im 9. Jahrhundert Irland als *Scotia maior* bekannt war und die Iren als *scoti*.

Eines der bemerkenswertesten Phänomene des 9. Jahrhunderts ist das philosophische System von Johann Scotus Erigena, das wie ein erhabener Fels in der Wüste hervorsticht. (...) Hätte er sich darauf beschränkt, über ein oder zwei bestimmte Fragen zu spekulieren, sollten wir nicht so überrascht sein; tatsächlich hat er jedoch ein System entwickelt, das erste große System des Mittelalters.[70]

Mit Erigena stehen wir am Anfang der Scholastik. Stark beeinflusst vom Pseudo-Dionysius ist sein intellektuelles Erbe des Neuplatonismus offensichtlich. Manchmal wird er fälschlicherweise mit Spinoza und anderen mit Hegel in Verbindung gebracht. Das Missverständnis rührt von seinem legitimen Bestreben her, die Lehre von der freien und willentlichen Schöpfung Gottes in der Zeit und die neuplatonische Lehre der Emanation, das heißt, des natürlichen und notwendigen Hervorgehens der göttlichen Güte, zu bekräftigen. Dies führt zu wirklich verwirrenden Texten. Es sind zwei Denkrichtungen, die unterschiedliche Interpretationen hervorbringen.

Für Erigena ist "Natur" die Realität und bedeutet:

1-Die natürliche Welt
2-Gott
3-Die übernatürliche Welt

In seinem Werk *Über die Einteilung der Natur (De divisione naturae)* teilt er die Natur in vier Arten ein:

1-**Natur, die schafft und nicht geschaffen ist** (Unerschaffene schaffende Natur). Bezieht sich auf Gott, als transzendent über allem.

2-**Natur, die geschaffen ist und schafft** (Geschaffene schaffende Natur). Bezieht sich auf Ideen, Formen oder Wesenheiten.

3-**Natur, die geschaffen ist und nicht schafft** (Geschaffene nicht schaffende Natur). Bezieht sich auf die geistigen und materiellen Geschöpfe, in denen Gott sich manifestiert.

4-**Natur, die weder schafft noch geschaffen ist** (Ungeschaffene nicht schaffende Natur). Gott als Ziel von allem.

Aus ihm stammt eine "Teilung der Natur", die wir später in modifizierter Form bei Spinoza wiederfinden. Am Anfang, als Grundlage aller Grundlagen, steht Gott, die "unerschaffene schaffende Natur". Beim Betrachten Gottes entstehen seit aller Ewigkeit die Ideen, die urtümlichen und archetypischen Grundlagen der existierenden Dinge, die sogenannte "geschaffene schaffende Natur". Durch sie gelangt man zu unserer materiellen, räumlichen und zeitlichen Welt, der "geschaffenen nicht schaffenden Natur". Auch hier orientieren sich die Seienden aufgrund ihrer inneren Verfassung, im Sinne ihres gesamten Werdegangs, erneut auf ihre Ursprung und kehren zu ihrer Vollkommenheit zurück, die "ungeschaffene nicht schaffende Natur" (...).[71]

Die Aufteilungen 1 und 4 finden sich ausschließlich in Gott, als erste effiziente Ursache und als letztes Ziel. Die Aufteilungen 2 und 3 sind nur bei den Geschöpfen vorhanden.

(...) aber es bleibt festzuhalten, dass, während jedes Geschöpf eine Teilnahme an dem hat, der nur in sich selbst existiert, die gesamte Natur auf das eine Prinzip reduziert werden kann, und Schöpfer und Geschöpf als ein einziges Ding betrachtet werden können.[72]

Wir stehen vor einer Philosophie, die Klärungen erfordert, da sie in einigen Fällen, wie im Fall des Zitats, begründete Verdächtigungen des Pantheismus aufwirft.

Er versucht, ähnlich wie Pseudo-Dionysius, eine philosophische Interpretation dessen zu geben, was durch die Offenbarung über Gott bekannt ist, und greift deutlich auf den Neuplatonismus zurück. Er legt die Grade der Beteiligung der Geschöpfe an Gott und seinen Ideen fest, ein Exemplarismus, der sogar stärker ist als der von Augustinus.[73]

Bei jedem Schritt bekräftigt Erigena, dass die göttliche Güte alle Dinge aus dem Nichts geschaffen hat. Bei diesem Autor bedeutet *ex nihilo* nicht die Voraussetzung irgendeines Materials, sei es geformt oder ungeformt, das als *nihil* bezeichnet werden könnte. Aus dem Nichts zu schaffen *(ex nihilo)* bedeutet die Verneinung oder Abwesenheit jeder Essenz oder Substanz und aller Dinge, die geschaffen wurden.

Die Wahrheit der Angelegenheit scheint zu sein, dass Johannes Scotus, während er den Unterschied zwischen Gott und den Geschöpfen aufrechterhält, das Konzept von Gott als der einzigen umfassenden Realität beibehalten möchte (...) während jedes Geschöpf eine Teilnahme an dem hat, der nur in sich selbst existiert, kann die gesamte Natur auf das eine Prinzip reduziert werden, und Schöpfer und Geschöpf können als eine einzige Sache betrachtet werden.[74]

Für Erigena ist Gott an sich die Natur, die schafft und nicht geschaffen wird *(Natura quae creat et non creatur)*. Er bekräftigt im Allgemeinen die Lehre der christlichen Philosophie: Gott als die unverursachte Ursache der Seienden; alles geht von Gott aus; die Geschöpfe bestehen und bewegen sich in ihm und durch ihn; letztes Ziel alles Geschaffenen; Ziel der Bewegung der Geschöpfe; der erste Grundsatz, der die Seienden aus dem Nichts in Existenz bringt, usw.

Erigena setzt jedoch eine Originalität ein. Er behauptet, dass Gott gewissermaßen in den Geschöpfen erschaffen wird, *dass er in den Dingen gemacht wird, die er macht, dass er in den Dingen anfängt zu sein, die anfangen zu sein.*[75] Es scheint auch hier, dass er nicht in den Pantheismus fällt, der den realen Unterschied zwischen dem Geschaffenen und dem

Schöpfergott aufrechterhält. Tatsächlich erklärt er, dass dies im Sinne zu verstehen ist, dass Gott in den Geschöpfen *erscheint* oder sich in ihnen manifestiert. Kurz gesagt, dass die Geschöpfe eine Theophanie sind.

Einige der Illustrationen, die er verwendet, sind in der Tat vom orthodoxen (d.h. katholisch-theologischen) Standpunkt aus etwas unglücklich, wie wenn er sagt, dass man sagen kann, dass der menschliche Intellekt, wenn er sich selbst verwirklicht, im Sinne von tatsächlichem Denken, in seinen Gedanken gemacht ist, so kann man sagen, dass Gott in den Geschöpfen gemacht ist, die von ihm ausgehen, eine Illustration, die zu implizieren scheint, dass die Geschöpfe Aktualisierungen von Gott sind (...).[76]

Trotz einiger etwas obskurer Behauptungen betont er die göttliche Transzendenz und die Nichtanwendbarkeit der Kategorien auf Gott. Das Prädikat "Gott" ist auch keine Gattung, keine Art oder kein Akzidens. In Ihm gibt es keine Bewegung.

Aufgrund dessen versucht er zu erklären, *wie Gott alle Dinge gemacht hat*:

"Wenn wir hören, dass Gott alle Dinge macht, sollten wir verstehen (...) dass Gott in allen Dingen ist, das heißt, dass er die Essenz aller Dinge ist. Denn nur er ist wirklich, und alles, was wahrhaftig in den Dingen, die sind, gesagt wird zu sein, ist allein Gott." Diese Formulierung scheint sich, um es vorsichtig auszudrücken, dem Pantheismus, der Lehre von Spinoza (...) anzunähern.[77]

Auf der Grundlage seines gesamten Werkes ist dies wie folgt zu verstehen: Scotus leugnet nicht die Schöpfung, aber er leugnet, dass Gott die Welt in dem einzigen Sinn macht oder schafft, in dem wir "machen" oder "schaffen" verstehen. Nämlich den eines Akzidens, das unter eine bestimmte Kategorie subsumiert werden kann. Für ihn sind die Existenz und das Wesen Gottes und sein Schöpfungsakt ontologisch dasselbe. Sie sind kein Akzidens. Sie sind Gott selbst in seinem Wesen.

In der zweiten Aufteilung der Natur spricht Erigena von der *Natur, die geschaffen ist und erschafft*. Hier erscheint die starke platonische Zutat. Er bezieht sich auf die Archetypen, Modelle oder Prototypen der Wesen aller geschaffenen Dinge. Er nennt sie *primäre Ursachen oder Prädestinationen*. Sie sind die vorbildlichen Ursachen der geschaffenen Arten. Sie existieren im Wort oder im Wort Gottes. In der zweiten Person der Trinität. Sie sind die göttlichen Ideen. Erigena nimmt an, dass die ewige Generation des Wortes Gottes (das ungeschaffen ist) die ewige Konstitution dieser Ideen oder vorbildlichen Ursachen im Wort voraussetzte. So wie das Wort außerhalb der Zeit erzeugt wurde, so wurden auch diese Urbilder. Es gibt eine logische und keine zeitliche Priorität des Wortes gegenüber den Urbildern. Sie entstehen aus der ewigen Prozession des Wortes. Genauer gesagt, sie werden nicht geschaffen, sondern vom Wort **erzeugt**. Nur in diesem Sinne kann gesagt werden, dass sie geschaffen sind.

M. Cappuyns wollte Eriugena vor dem pantheistischen Monismus retten und schrieb ihm einen exemplarischen Monismus zu, nach dem alles im göttlichen Denken eins ist, nämlich im Wort, dem Exemplar aller Dinge. Da es der Mittelpunkt dieser Einheit ist, finden wir Gott in allen Stufen und Aufteilungen, aber nicht als alles, sondern als auf sie bezogen: Gott als Prinzip, Gott, der sich in den Ideen ausdrückt, dann in den Theophanien und schließlich Gott als letztes Ziel. Es würde sich jedoch nicht um eine Identifizierung der Geschöpfe mit ihm handeln, sondern um Grade der Teilnahme. Seine Metaphysik wäre also eine neue Form der Philosophie der Teilhabe oder der exemplarischen Philosophie, jedoch mit obskuren und kühnen Formeln dargestellt. Dadurch wäre er frei von Pantheismus.[78]

Gott hat alles aus dem Nichts geschaffen.

(...) Archetypen sind Ursachen nur im Sinne von exemplarischen Ursachen. Nichts wird geschaffen außer dem, was ewig vorherbestimmt ist, und diese ewigen 'Praeordinationes' (...) sind die Archetypen. Alle Geschöpfe 'partizipieren' an den Archetypen, zum Beispiel die menschliche Weisheit an derselben göttlichen Weisheit.[79]

Die dritte Aufteilung der Natur, die *Natur, die geschaffen ist und nicht erschafft*, sind die Geschöpfe. Es ist die Welt, die von Gott aus dem Nichts geschaffen wurde. Erigena nennt diese Geschöpfe *Teilnahmen*. Sie nehmen an den primären Ursachen teil. Er lehrt, dass die Teilnahme *die Ableitung einer zweiten Essenz von einer höheren Essenz ist*.

Genau wie Wasser aus einer Quelle sprudelt und in das Flussbett fließt, so fließen Güte, Leben, Wesen usw. von Gott, der die Quelle aller Dinge ist, zuerst in die primären Ursachen und machen sie zu dem, was sie sind, und fließen dann durch diese zu ihren Auswirkungen. Es handelt sich um eine klar emanationistische Metapher, und Erigena schließt daraus, dass Gott alles ist, was wirklich ist, denn Er macht alle Dinge und macht sich in allen Dingen "wie Dionysius der Areopagite sagt".[80]

Die vierte Aufteilung der Natur ist die Natur, die weder erschafft noch erschaffen wird. In diesem Fall bezieht sich Erigena auf Gott als das Ziel und Ende aller Dinge. Es ist die Stufe der Rückkehr zu Gott. Das Leben vollendet einen Kreislauf: Es geht von den primären Ursachen aus und kehrt zu diesen Ursachen zurück. Sein Ziel ist sein Anfang: Es kehrt zu den Ideen *(rationes)* zurück, aus denen es stammt. Der Prozess ist kosmisch und umfasst auch den Menschen, der zu Gott zurückkehren wird. Nur das veränderliche und nicht spirituell veredelte Material wird ausgeschlossen, das vergehen wird.

Zusammenfassung der dargelegten Ideen

1-Johannes Scotus Erigena versucht, die christliche Schöpfung mit der neuplatonischen Philosophie in Einklang zu bringen. Daher bewegt sich sein Denken immer zwischen diesen beiden Polen und erweist sich manchmal als dunkel, verwirrend und anfällig für den Pantheismus. Einerseits schafft Gott durch einen freien Akt seines Willens, und andererseits geht die Welt von seiner Güte naturgemäß aus.

2-Gott schafft aus dem Nichts durch das Wort, das die ungeschaffenen prototypischen Ideen enthält.

3-Genau wie das Wort erzeugt wurde, wurden die Ideen oder exemplarischen Ursachen der Seienden durch das Wort erzeugt.

4-Die Realität ist die Natur, die in vier Arten unterteilt ist.

5-Gott ist alles, weil er allem Sein gibt. Die Schöpfung beginnt mit Gott als effiziente Ursache (ungeschaffene schöpferische Natur) und endet in Gott als letzter Ursache (Natur, die weder erschafft noch erschaffen wird). Die Parabel beschreibt einen kosmischen Prozess, der alles Geschaffene umfasst, von dem nur das veränderliche, nicht spirituell veredelte Material vergehen wird.

6-Die Anklage des Pantheismus gegen Erigena beruht auf den kühnen Behauptungen, die er häufig aufstellt und die von ihm und seinen Interpreten ständige Erklärungen verlangen. Tatsächlich wurden seine Thesen auf dem Pariser Konzil von 1210 verurteilt.

Es gibt jedoch sehr gewagte Ausdrücke, die es schwierig machen, Ihn vom Pantheismus zu befreien. Gottes Werk ist eher eine Offenbarung oder Manifestation seiner selbst (Theophanie) als eine Schöpfung aus dem Nichts. (...) Deshalb sind die Geschöpfe ein Symbolismus. Aber Er fügt hinzu, dass diese Theophanien (...) auch eine Selbstschöpfung sind, durch die Er sich selbst hervorbringt. Er erläutert, wie viel in Seinen Ideen impliziert war. Er nimmt die Welt aus dem Nichts heraus, und deshalb ist dieses Nichts der Welt Gott selbst vor der Schöpfung. Er geht sogar so weit zu sagen, dass Gott nicht existierte, bevor Er die Seiende schuf: "Dann war Gott nicht, bevor Er alle Dinge machte". Damit will Er vermitteln, dass die Schöpfung für Ihn ewig und wesensgleich ist. Aber was Er sagt, ist auch - ähnlich wie Pseudo-Dionysius - dass Gott, bevor Er schuf, jenseits des Seins und der Essenz war; wenn Er erschafft, erscheinen die Wesen im Sein, und so muss auch Er ins Sein und zur Essenz übergehen, und dann, aus dem, was Er erschafft, ist Er.[81]

9. SCHÖPFUNG IN SANKT THOMAS

Definition

Schaffen bedeutet im eigentlichen Sinne, das Sein der Dinge zu verursachen oder zu produzieren.[82]

Da Gott die Erste Ursache der Welt ist (Zweiter Weg), und da endliche Seiende entweder contingente Seiende sind, die ihre Existenz dem notwendigen Sein verdanken (Dritter Weg), müssen endliche Seiende durch Schöpfung von Gott herrühren.[83]

Schöpfung und Emanation (ein typisch platonisches Konzept, wie wir bereits gesehen haben) sind unterschiedliche Formen der Erzeugung eines Seins.

Demnach erscheint der Schaffensprozess als der eigentliche und exklusive Prozess eines Agenten, der anstatt eine ähnliche, aber gleichzeitig getrennte Substanz aus sich selbst herauszuholen oder eine neue und unterschiedliche Art des Seins aus sich selbst hervorzubringen, etwas bisher Nichtexistentes in Existenz ruft. Weder Pantheismus noch Dualismus können daher akzeptiert werden.[84]

Schöpfung ist der Ursprung allen Seins durch die universale Ursache, die Gott ist. Schöpfung ist nicht der Ursprung eines spezifischen Seienden aus einem anderen spezifischen Seienden, wie zum Beispiel der Mensch aus dem Menschen. Dies wäre Emanation oder Generation. **Schaffen bedeutet die Produktion des universellen Seins aller Seienden.**

Die Idee der Schöpfung beantwortet die eines Handelns, das sich auf das gesamte Sein bezieht, sei es das Universum in seiner ersten Ursache oder ein bestimmtes Sein, aber bezogen auf alles, was dazu gehört.[85]

Gilson erkennt die Schwierigkeit an, die Schöpfung innerhalb unseres geistigen Weltbildes zu akzeptieren, aufgrund unserer Unfähigkeit, sie uns vorzustellen:

Sagen wir also, um es irgendwie auszudrücken, dass es eine Art Empfang des Seins oder des Existierens ist, ohne uns das vorstellen zu wollen.[86]

Das Absolut-Sein zu produzieren, nicht als dieses oder jenes Seiende, das ist es, was die Schöpfung als solche ausmacht. Es scheint ziemlich offensichtlich zu sein, dass nur Gott schaffen kann. Denn die allgemeinsten Wirkungen müssen auf allgemeinste und Hauptursachen zurückgeführt werden. Unter allen Wirkungen ist das universellste das Sein selbst. Daher muss es die eigentliche Wirkung der Ersten und Universellen Ursache sein, die Gott ist.[87]

In der Aussage "das Erste der erschaffenen Dinge ist das Sein", bezieht sich das Wort "Sein" nicht auf die Substanz der Schöpfung, sondern auf den Aspekt, unter dem das erschaffene Objekt betrachtet wird. Denn ein erschaffenes Ding wird als erschaffen bezeichnet, weil es ein Seiendes ist, nicht weil es "dieses" Seiende ist, da die Schöpfung die Produktion aller Seienden durch das Universelle Sein ist, wie oben gesagt wurde (Artikel [1]). Wir verwenden eine ähnliche Art des Sprechens, wenn wir sagen, dass "das erste sichtbare Ding die Farbe ist", obwohl streng genommen das gefärbte Ding das ist, was gesehen wird.[88]

Étienne Gilson wird sagen, dass, wenn Sankt Thomas direkt von der Schöpfung als solcher spricht, er die Sprache des Existierens und nicht des Seins verwendet:

Es handelt sich also hier um einen Akt, der vom "Sein" ausgeht und direkt und unmittelbar zum "Sein" führt. Auf diese Weise ist das Erschaffen die eigene Handlung Gottes, und nur von Ihm (...) und die eigentliche Wirkung dieser göttlichen Handlung ist auch die universellste Wirkung von allen, die jede andere Wirkung voraussetzt, das Existieren (...).[89]

In der *Summa Theologica* I, q.44 a.1 Resp, sagt Sankt Thomas, dass *alles, was auf irgendeine Weise existiert, von Gott existiert.* Gott ist das sich selbst subsistierende Sein und, wie wir im Studium der entitativen Attribute Gottes gezeigt haben, kann nur Eins sein. Tatsächlich ist Gott einzigartig. Daraus folgt **notwendigerweise**:

> 1-Alle Dinge außer Gott sind nicht ihr eigenes Sein, sondern nehmen am Sein teil
>
> 2-Alle Seienden, die mehr oder weniger vollkommen sind aufgrund dieser verschiedenen Teilhabe, haben als Ursache ein erstes Sein, das vollkommen ist (Vierter Weg).

Deshalb sagte Plato, dass die Einheit vor der Vielheit vorausgesetzt werden muss. Und Aristoteles sagt in der Metaphysik II, dass das, was im höchsten und wahrhaftesten Maße Sein ist, auch im höchsten Maße Ursache für alles Sein und alles Wahre ist (...).[90]

Gott ist die erste exemplarische Ursache aller Dinge

In Gottes Geist sind die Ideen von allem, was existiert. Diese Ideen sind die exemplarischen Formen aller Seienden. Obwohl diese Formen in Bezug auf jedes einzelne Seiende multipliziert werden und folglich von vielen geteilt werden können, sind sie tatsächlich nichts anderes als die göttliche Essenz.[91]

In seiner Lehre der Schöpfung übernimmt Sankt Thomas den augustinischen Exemplarismus, der ein weiteres grundlegendes Prinzip seines Systems darstellen kann, obwohl er nicht in den XXIV Thesen enthalten ist (...).[92]

In der *Summa Theologica* I, q.15 a.3 Resp., vertieft Sankt Thomas diese Konzepte. Er lehrt, dass Plato den Ideen einen doppelten Charakter zugestanden hat:

> 1-Als Prinzip des Wissens
> 2-Als Ursprung der Seienden dieser Welt

Und fügt hinzu, dass dieser **doppelte Charakter** der Ideen *im göttlichen Geist liegen muss*. Anschließend spezifiziert er:

*Als **effektives Prinzip** kann es als exemplarisch bezeichnet werden, und es gehört zum praktischen Wissen.*

*Als **kognitives Prinzip** wird es angemessen Vernunft genannt; und es kann auch zum spekulativen Wissen gehören. (...) Es ist mit allem verbunden, was von Gott gekannt wird, auch wenn es nie gemacht wurde; und es ist auch mit allem verbunden, was von Gott nach seinem eigenen Verstand und durch Spekulation gekannt wird.*

*Als **exemplarisches Prinzip** ist es mit allem verbunden, was Gott zu jeder Zeit tut.*

Forment erinnert daran, dass *Sankt Thomas die Umkehrung der platonischen und neuplatonischen Perspektive des Heiligen Augustinus übernimmt und diese augustianische Änderung vertieft, indem er die göttlichen Ideen als dieselbe Essenz Gottes betrachtet, insofern sie bekannt sind*. Dies wird von Aquin in der *Summa Theologica* I, q.15, a.1, ad 3 bekräftigt: *Gott ist in seiner Essenz das Abbild von allem. Daher ist in Gott die Idee nichts anderes als die göttliche Essenz selbst*. So müssen wir sagen, dass *die exemplarischen Ideen kein eigenständiges intellektuelles System von Gott sind, sondern seine Essenz*. Das heißt, die göttliche Essenz selbst.[93]

Creatio ex nihilo

Geschaffen zu sein ist eine Art des Gemachtwerdens. Gott erschafft, aber nicht wie ein Künstler. Der Künstler macht etwas. Und dieses Etwas wird seiner Handlung vorausgesetzt. Es wird nicht durch dieselbe Handlung des Künstlers produziert. Aber wir wissen bereits, dass Gott derjenige ist, der allen Dingen das Sein gibt. Daher ist nichts, bevor Gott ihm das Sein verleiht. Wenn Gott wie ein Künstler handeln würde, müsste man etwas voraussetzen, das nicht von ihm produziert wurde. Und das ist unmöglich: Es kann nichts in den Seienden geben, das nicht von Gott kommt, der die universelle Ursache jedes Seins ist. Daher muss man behaupten, dass *Gott die Dinge aus dem Nichts in ihr Sein bringt*.[94]

Das Nichts ist gleich der Verneinung jeglichen Seins. Daher wie die Geburt des Menschen aus dem Nichtsein, das nicht Mensch ist, geschieht, so auch die Schöpfung, die die Emanation alles Seins ist, aus dem Nichtsein, das das Nichts ist.[95]

Sankt Thomas präzisiert, dass das Nichts, aus dem etwas extrahiert wird, das zur Existenz geführt wird (und natürlich ist das "Extrahieren" hier nur eine Metapher), nicht durch Analogie mit einer der Realitäten verständlich ist, die dazu dienen können, eine nicht-schöpferische Produktion zu verstehen; es ist tatsächlich weder Materie noch Instrument und noch weniger eine Ursache. Daher sagt Sankt Thomas, dass in der "creatio ex nihilo" das "ex" ausschließlich eine Reihenfolge der Abfolge und keine materielle Ursache ausdrückt: "non causam materialem, sed ordinem tantum" - Übersetzung: nicht die materielle Ursache, sondern nur die Ordnung (Summa Theologica I, q.45 a.1 ad.3).[96]

Wenn also gesagt wird, dass Gott die Welt aus dem Nichts erschaffen hat, muss dies verstanden werden:

1-Dass zuerst nichts war und dann etwas war
2-Dass Gott "nicht aus etwas" schafft

Das Nichts ist nicht das Material, aus dem Gott die Welt gemacht hat.

Der Einwand, dass aus dem Nichts nichts entsteht, ist daher unbegründet, da das Nichts weder als effiziente noch als materielle Ursache betrachtet *wird; in der Schöpfung ist Gott die effiziente Ursache, und es gibt keine Art von materieller Ursache.*₉₇

In *Quaestio* 3 seines Werkes *Über die Macht Gottes*, bekannt als *De potentia Dei* (1259-1268), behandelt Sankt Thomas die Schöpfung. Im Artikel 1 fragt er, ob Gott tatsächlich etwas aus dem Nichts erschaffen kann. Wir werden sechs Einwände derjenigen zitieren, die sagen, dass es unmöglich ist, dass Gott aus dem Nichts erschafft, die Argumente des Aquinaten gegen solche Einwände und schließlich seine Schlussfolgerung oder Antwort.

1-Es ist eine gemeinsame Vorstellung unter den Philosophen, dass *aus dem Nichts nichts entsteht*. Es zu behaupten, widerspricht den gemeinsamen Prinzipien des Denkens. Und Gott kann nicht gegen sie handeln. Zum Beispiel: Gott kann nicht den Teil größer als das Ganze machen. Daher kann Gott nicht aus dem Nichts erschaffen.

Sankt Thomas antwortet darauf, dass *aus dem Nichts nichts gemacht wird* eine Meinung ist, die darauf beruht, dass der natürliche Agent für sein Handeln die Bewegung erfordert. Es muss ein Seiendes geben, das das Subjekt der Bewegung der Veränderung ist. Andernfalls gibt es keine Handlung. Aber dieses Prinzip verpflichtet nicht den übernatürlichen Agenten, Gott. Daher kann Gott aus dem Nichts erschaffen.

2-Alles, was gemacht wird, wird aus einer Materie oder einem Subjekt gemacht. Daher kann Gott nicht aus dem Nichts erschaffen.

Zu dem, was der Heilige Thomas antwortet: In Bezug auf das, was Aristoteles im 5. Buch der *Metaphysik* lehrt, dass etwas als möglich bezeichnet wird, nicht in Bezug auf eine Potenz, sondern weil es in den Begriffen des Satzes selbst keine Widersprüche gibt, unterscheidet sich das Mögliche daher vom Unmöglichen. Nun, zu behaupten, dass bevor die Welt gemacht wurde, es möglich war, dass sie gemacht wurde, widerspricht nicht, denn es gibt keine Unvereinbarkeit zwischen Prädikat und Subjekt. Oder zu behaupten: Bevor die Welt existierte, war es möglich, dass sie gemacht wurde, dank der aktiven Kraft eines Handelnden, nicht aufgrund irgendeiner passiven Kraft der Materie, widerspricht ebenfalls nicht. Also kann Gott aus dem Nichts erschaffen.

3-Eine unendliche Entfernung kann nicht überbrückt werden. Tatsächlich: *(...) je weniger eine Potenz zum Akt bereit ist, desto weiter ist sie vom Akt entfernt; daher, wenn die Potenz absolut unterdrückt wird, gibt es eine unendliche Entfernung.* Das ist diejenige, die vom reinen Nicht-Seienden zum Seienden existiert. Es ist die Entfernung, die angeblich durchlaufen würde, indem sie schafft: vom Nicht-Sein zum Sein. Also kann Gott nicht aus dem Nichts erschaffen.

Zu dem, was der Heilige Thomas antwortet: Es ist wahr, dass zwischen dem Seienden und dem reinen Nicht-Seienden irgendwie eine unendliche Entfernung besteht, obwohl nicht immer auf dieselbe Weise. Es ist auch wahr, dass es unmöglich ist, das Unendliche zu durchqueren. Daher kann es keinen Übergang vom Nicht-Sein zum Sein geben, der unendlich ist; aber es kann diesen Übergang zu einem endlichen Sein geben, während die Entfernung vom Nicht-Sein zu diesem Sein durch den endlichen Teil bestimmt ist. Also kann Gott das endliche Sein aus dem Nichts schaffen.

Weiterhin, im Artikel 4 Antwort auf die Einwände 2), gibt er einen Text, der das Gesagte weiter klärt:

Es hindert uns nichts daran, uns eine unendliche Distanz auf der einen Seite und eine endliche auf der anderen Seite vorzustellen. Wir stellen uns eine unendliche Distanz auf beiden Seiten vor, wenn eines der Gegensatzextreme unendlich ist, zum Beispiel unendliche Hitze und unendliche Kälte: Aber die vorgestellte Distanz wird auf einer Seite endlich sein, wenn eines der gegensätzlichen Extreme endlich ist; zum Beispiel unendliche Hitze und endliche Kälte. Folglich ist das unendliche Sein von absolutem Nichtsein auf beiden Seiten unendlich entfernt: während das endliche Sein von absolutem Nichtsein nur auf einer Seite unendlich entfernt ist; es erfordert jedoch eine unendliche aktive Potenz.[98]

4-Aristoteles lehrt, dass Agent und Patient im Geschlecht und in der Materie übereinstimmen müssen, sonst ist die Handlung unmöglich. *Aber das reine Nicht-Seiende und Gott haben nichts gemeinsam.* Also kann Gott nicht aus dem Nichts erschaffen.

Sankt Thomas antwortet, dass wenn etwas aus dem Nichts entsteht, das Nicht-Sein oder das Nichts nicht, es sei denn akzidentell, als etwas betrachtet wird, das einer Handlung unterliegt, sondern eher als das Gegenteil dessen, was durch die Handlung getan wird. Daher müssen Agent und Patient nicht in Geschlecht und Materie übereinstimmen.

5-Wenn aus dem Nichts etwas entstehen würde, würde der Begriff entweder auf 1-die produzierende Ursache oder 2-die Ordnung der Produktion hinweisen. Es deutet jedoch nicht auf die produzierende Ursache hin, da das Nichts weder eine effiziente Ursache noch ein Material des erschaffenen Seienden sein kann. Es deutet auch nicht auf Ordnung hin, weil, wie Boethius sagt, keine Ordnung zwischen dem Seienden und dem Nicht-Seienden existiert. Also kann Gott nicht aus dem Nichts erschaffen.

Sankt Thomas antwortet: In Bezug auf das Gesagte über die produzierende Ursache ist es richtig. Tatsächlich kann das Nicht-Seiende nicht Ursache des Seienden sein. In Bezug auf das Gesagte über die Ordnung der Produktion: Die Angabe der Ordnung ist wahr, wenn sie nur als solche angezeigt wird. Zum Beispiel: Man kann sagen, dass etwas aus dem Nichts entsteht, weil es nach dem Nichts entstand. Und das gilt für die Schöpfung.

6-Aristoteles lehrt, dass *die aktive Potenz das Prinzip der Veränderung in einem anderen ist, während es ein anderes ist*. Die göttliche Handlung (die eine aktive Potenz ist) würde nach dieser Lehre irgendein Subjekt der Veränderung erfordern, das im Akt der Schöpfung nicht existiert. Also kann Gott nicht aus dem Nichts erschaffen.

Abschließend schließt der Angelische Doktor: *Es muss festgehalten werden, dass Gott etwas aus dem Nichts erschaffen kann und tut.* **Erstens** betont er, dass jeder Agent handelt, während er im Akt und in der Form handelt, wie er im Akt ist. Das bestimmte Seiende ist besonders im Akt und handelt aufgrund seiner Form (die Materie ist in Potenz). **Zweitens** handelt jeder Agent immer etwas Ähnliches wie er selbst. Es produziert entsprechend seiner Gattung und Art. Und weil es spezifisch ist, spezifisch. Daher *hat kein Seiendes die Fähigkeit, ein Seiendes zu machen, während es Seiendes ist, sondern ein Seiendes, während es dieses bestimmte, auf diese oder jene konkrete Art begrenzte Seiende ist.* Daher kann jedes natürliche Seiende:

1-Nur ein vorbestehendes und bestimmtes Seiendes produzieren
2-Handelt durch Bewegung
3-Benötigt eine Materie, die das Subjekt der Bewegung oder des Bewegten ist
4-Daher kann es nichts aus dem Nichts machen

Im Gegenteil, Gott ist vollkommener Akt.

(...) sei es in Bezug auf sich selbst, denn er ist reiner Akt ohne jede Beimischung von Potenz, sei es in Bezug auf die Dinge, die im Akt sind, denn in ihm liegt der Ursprung aller Seienden; deshalb erzeugt er durch sein Handeln jedes subsistierende Seiende, ohne jegliche Voraussetzung, weil er das Prinzip allen Seins ist und alles in sich selbst ist. Deshalb kann er etwas aus dem Nichts machen; und diese seine Handlung wird Schöpfung genannt.

Gott ist die universale Ursache des Seins der Seienden. Er ist kein anderes Seiendes. Er hat weder Gattung noch Art. Reiner Akt ohne Spur von Materie. Wenn er erschafft, handelt er universell. Er hat keines der genannten Grenzen in Bezug auf spezifische Agenten.

Im Gegensatz dazu gehört die kausale Handlung spezifischer Agenten, wenn sie produzieren, zu den zweiten Ursachen, *die eine informierende Handlung ausführen, indem sie die Wirkung der universalen Ursache voraussetzen; und das ist auch der Grund, warum nichts das Sein geben kann, außer wenn darin eine Teilhabe am göttlichen Sein und an der göttlichen Macht besteht.*

Gott erschafft aus dem Nichts und in der Zeit. Es wird nicht gesagt, dass die Dinge am Anfang der Zeit erschaffen wurden, im Sinne dessen, dass dieser Zeitpunkt der Beginn der Schöpfung ist. Es wird in der Zeit gesagt, weil gleichzeitig mit ihr der Himmel und die Erde erschaffen wurden.[99]

Gott erschafft ohne Bewegung oder Veränderung

Die Schöpfung in der Kreatur ist nur eine reale Beziehung zum Schöpfer, die als Prinzip ihres Seins dient. Diese Beziehung ist von der Kreatur. Sie könnte niemals von Gott sein, denn in ihm gibt es keine Akzidenzien. Und die Beziehung ist ein Akzidens. In Gott gibt es nur eine Relation der Vernunft zu dem Geschaffenen, aber keine reale Relation.[100]

(...) wichtig ist, dass, wenn wir von den Geschöpfen als Beziehung zu Gott und von Gott als Beziehung zu den Geschöpfen sprechen, wir uns daran erinnern müssen, dass die Geschöpfe von Gott abhängen und nicht Gott von den Geschöpfen, und folglich, dass die reale Beziehung zwischen Gott und den Geschöpfen, die eine Beziehung der Abhängigkeit ist, nur in den Geschöpfen liegt.[101]

In *De Potentia Dei*, q. 3 a. 2, lehrt Sankt Thomas, dass Veränderung sich auf ein Seiendes bezieht, das auf eine bestimmte Weise ist, nachdem es auf eine andere Weise gewesen ist. Dies wird in der Schöpfung nicht beobachtet: Es gibt keine vorherigen Seienden oder Arten des Seins oder des Existerenden vor dem schöpferischen Akt.

Man muss sagen, dass die Schöpfung keineswegs eine Veränderung ist, sondern definiert ist: die gleiche Abhängigkeit des geschaffenen Seins vom Prinzip, das es begründet, und gehört daher nicht zur Kategorie der Handlung oder Leidenschaft, sondern zur Kategorie der Beziehung.[102]

Nur Gott kann erschaffen

Alles Geschaffene wurde von Gott gemacht.

Die Schöpfung, wenn aktiv betrachtet, ist das Handeln Gottes, indem er die Welt aus dem Nichts herausbringt; passiv betrachtet ist es das Hervorgehen aus dem Nichts und von seiner Ursache, das wir dem Universum als erstes Werden zuschreiben.[103]

In *De Potentia Dei*, q. 3 a. 4, schließt Sankt Thomas aus, dass eine Kreatur, sei es Engel oder Mensch, erschaffen kann. Jede Handlung des Seienden geht von seiner Potenz aus. Es ist unmöglich, dass eine Kreatur das universale Sein der Seienden hervorbringt, auch nicht als instrumentelle Funktion, denn ihre Potenz ist endlich. Und die Schöpfung erfordert eine unendliche Macht in der Potenz, aus der sie entsteht. Um diese Aussage zu begründen, nennt er fünf Gründe:

1-Die Kraft des Agenten steht im Verhältnis zum Abstand zwischen dem, was gemacht wird, und dem Gegenteil, aus dem es gemacht wird. Zum Beispiel: Je intensiver die Kälte, desto weiter entfernt ist sie von der Wärme. Dann wird der Agent eine größere Hitze benötigen, um die Kälte in Wärme zu verwandeln. Betrachtet man das Gesagte in Bezug auf die Schöpfung: Das Nichtsein ist unendlich weit vom Sein entfernt. Dies wird offensichtlich, wenn man feststellt, dass jedes Seiende, wie weit es auch von einem anderen Seienden entfernt ist, diesem näher ist als dem Nicht-Sein oder Nicht-Seienden.

2-Der Agent handelt im Akt gemäß seiner Art zu sein. Und er handelt mit allem, was in ihm im Akt ist. Gott ist reiner Akt ohne Beimischung von Materie, er handelt mit seiner gesamten Substanz, die sein Sein ist, und mit all seiner Potenz, die unendlich ist. Die Schöpfung liegt nur beim unendlichen Akt, der der erste Akt ist; und folglich ist es nur einer unendlichen Potenz eigen, etwas entsprechend seiner gesamten Substanz zu erzeugen.

3-Die Handlung ist ein Akzidens des Agenten, das außerhalb von Gott immer ein bestimmtes endliches Seiendes ist. Diese Handlung erfordert immer ein empfangendes Subjekt. Daher ist bei jeder Handlung erforderlich: dass die Handlung in einem aktiven Subjekt (Agent) vorhanden ist und dass die Handlung auf ein passives Subjekt fällt. Im Fall der Schöpfung ist das passive Subjekt die Materie. Nun, nur derjenige kann erschaffen, dessen Handlung kein empfangendes Material erfordert. Dazu darf seine Handlung kein Akzidens sein, sondern muss sein eigenes Sein sein. Dies ist ausschließlich Gott vorbehalten. Und deshalb ist die Schöpfung sein alleiniges Werk.

4-Alle zweiten Agentursachen haben eine Handlungsweise und eine Reihenfolge des Handelns, die von der ersten Agentursache stammen, der keine anderen Agenten Modi oder Reihenfolgen vorschreiben. Die Handlungsweise der Agenten hängt vom Material ab, das die Handlung empfängt. Daher wird es dem ersten Agenten alleinig eigen sein, ohne vorausgesetztes Material eines anderen Agenten zu handeln und allen anderen zweiten Agenten das Material zur Verfügung zu stellen.

5-Es handelt sich um eine Reduktion auf das Unmögliche. Wir haben bereits gesagt, dass es ein Verhältnis zwischen Potenz und Akt gibt. Je größer der Abstand zum Akt ist, desto größer ist die benötigte Potenz, um ihn zu erreichen. Für das Geschaffene würde die Schöpfung die Verwendung einer eigenen Potenz implizieren, die nicht voraussetzt, welche Potenz für den Akt erforderlich ist. Daher, *wenn es eine endliche Potenz gibt, die etwas aus keiner vorausgesetzten Potenz heraus wirkt, muss es eine Proportion zwischen dieser und jener aktiven Potenz geben, die etwas von Potenz zum Akt bewegt; und dann wird es eine Proportion zwischen der Potenz des Nichts und einer Potenz geben, was unmöglich ist. Es besteht keine Beziehung zwischen Seiendem und Nicht-Seiendem.*

Keine Potenz außer der Macht Gottes kann etwas erschaffen, weder durch ihre eigene Potenz noch als Instrument Gottes.

In *De Potentia Dei*, q. 3 a. 5, zeigt Sankt Thomas durch drei Argumente, dass alle Seienden von Gott geschaffen wurden, der universellen Ursache des Seins in den Seienden:

1-Wenn etwas von vielen verschiedenen Seienden gemeinsam besessen wird, muss es von einer einzigen Ursache in ihnen verursacht werden. Nur die Vielfalt der Ursachen erzeugt verschiedene Effekte. In dem Fall, den wir betrachten, ist der Effekt auf die voneinander verschiedenen Seienden derselbe. Das heißt: Jedes von ihnen besitzt das Sein. Daher ist die Ursache, die ihnen das Sein gegeben hat, einzigartig. Diese Ursache ist Gott.

Daher, wenn das Sein allen Dingen gemeinsam ist, die aufgrund dessen, was sie sind, voneinander verschieden sind, muss das Sein notwendigerweise nicht von ihnen selbst, sondern von einer einzigen Ursache zugeschrieben werden. Und dies scheint die Überlegung Platons zu sein, der wollte, dass vor jeder Vielfalt eine Einheit existiere, nicht nur in den Zahlen, sondern auch in der Natur der Dinge.

2-Durch den Vierten Weg wissen wir, dass die Vollkommenheiten, die die Seienden in unterschiedlichem Maße tragen, ein Erstes Sein erfordern, das in sich selbst die Fülle der teilnehmenden Vollkommenheit besitzt. Dieses Erste Sein ist Gott.

Folglich ist es notwendig, dass alle weniger vollkommenen Dinge ihr Sein von Gott empfangen.

3-Was durch ein Anderes ist, wird als seine Ursache von demjenigen reduziert, was durch sich selbst ist. So ist es mit den Akzidenzien in Bezug auf die Substanz. Streng auf das Thema der Schöpfung fokussiert, gibt der Engelhafte Doktor ein weiteres Beispiel. Er sagt uns, dass wenn es eine Wärme gäbe, die an sich existiert, sie notwendigerweise die Ursache aller warmen Dinge wäre, die die Wärme durch Teilnahme haben. So ist es notwendig, dass es ein erstes Sein gibt, das reiner Akt ist, in dem keine Zusammensetzung ist. Es ist erforderlich, dass aus diesem einzigen Sein alle anderen Dinge hervorgehen, die nicht ihr eigenes Sein haben, sondern ihr Sein durch Teilnahme erhalten. Der einzige, der allen Sein das Sein gibt, ist Gott.

Daher erkennt die Produktion des Seins in allen Seienden als einzige Ursache Gott an. Folglich wurde alles durch Ihn geschaffen.

Sankt Thomas spricht von der **kontinuierlichen Schöpfung**, einem Ausdruck, den er dem anderen vorzieht: Erhaltung des Seins.[104] Sein Konzept der Schöpfung ist nicht deistisch. Dass Gott die Welt erschaffen hat, bedeutet nicht, dass Gott ihr Existenz gegeben hat und dass die Welt seitdem unabhängig existiert. Im Gegenteil: Alles, die Welt und die endlichen Seienden, die sie bewohnen, das gesamte Universum, ist existenziell von Gott in jedem Moment ihres Bestehens abhängig. Wenn Gott seine erhaltende und tragende Tätigkeit über die Seienden einstellen würde, würde das Universum sofort aufhören zu existieren. Die Schöpfung hat eine ständige Beziehung der existenziellen Abhängigkeit von Gott, ihrem Schöpfer.[105]

Wie Gott erschafft

In *De Potentia Dei*, q.3 a.15, fragt Sankt Thomas, ob Gott aus Notwendigkeit seiner Natur oder durch den Willkür seines Willens erschafft.

Er antwortet, dass Gott nicht aus Notwendigkeit seiner Natur erschafft. Er muss nicht erschaffen. Sein einziger Wille ist Ursache alles dessen, was existiert.

In diesem Zusammenhang bietet er vier demonstrative Gründe an. Nämlich:

1-Bei der Schöpfung verfolgt Gott ein Ziel. Andernfalls würde alles zufällig geschehen. Und das ist offensichtlich lächerlich. Außerdem haben wir bereits durch den Fünften Weg gesehen, dass es eine Ordnung gibt und dass seine Ursache Gott ist. *Handeln aus einem Ziel heraus liegt sowohl im*

Willen als auch in der Natur, aber in jedem Fall auf seine eigene Weise. Die Natur handelt in Bezug auf ein Ziel, das ihr gegeben wurde. Das ist der Fall bei Tieren, Pflanzen, Sternen usw. Das intelligente Sein handelt aus einem Ziel heraus, das es kennt und seinen Willen bewegt. Folglich ist der menschliche Mensch in der Lage, einem unintelligenten Sein Ziele aufzuerlegen. *Zum Beispiel strebt ein Pfeil auf ein bestimmtes Ziel zu, das ihm vom Bogenschützen durch die Richtung gegeben wird. (...) das, was durch ein Anderes geschieht, ist immer nachfolgend zu dem, was durch sich selbst ist. Daher ist es notwendig, dass der erste, der dem Ziel dient, es aus freiem Willen tut; und auf diese Weise erschafft Gott die Geschöpfe im Sein durch seinen Willen und nicht durch die Natur.*

2-Die Natur erzeugt natürliche Effekte, die immer die gleichen sind. Sie ändern sich nicht, wiederholen sich. Sie sind im Voraus festgelegt. So kann zum Beispiel das Feuer nicht kalt machen. Das Wasser macht nass. Das Licht erleuchtet.

Der Wille, wenn er wirkt, erzeugt verschiedene Effekte. Der Wille ändert sich, wiederholt sich nicht, ist nicht vorbestimmt. Er wird vom freien Willen gelenkt. Er wird durch die aktive Potenz des Agenten und die passive Potenz des Patienten begrenzt. Er kann gleiche oder ungleiche Effekte erzeugen. Wenn ich mit Holz arbeite, kann ich einen Stuhl oder einen Tisch herstellen. Es hängt von meinen Fähigkeiten und von der Fähigkeit des Holzes ab, Formen anzunehmen. Aber wenn ich anfange zu arbeiten, bin ich nicht naturgemäß verpflichtet, einen Stuhl oder einen Tisch herzustellen.

Wenn Gott natürlich handelt, erzeugt er einen einzigen Effekt, der seinem eigenen Wesen entspricht: das Wort Gottes.

Daher handelt Gott in allem anderen nur freiwillig. Und er hat keine Grenzen in seiner aktiven Potenz, denn seine Macht ist unendlich. Er erzeugt mehrere Effekte, die, weil sie sind, ungleich sind. So zeigen sich die verschiedenen Grade der Vollkommenheit in den Geschöpfen.

3- Da jeder Agent in gewisser Weise etwas Ähnliches wie sich selbst hervorbringt, muss die Wirkung auf gewisse Weise in seiner Ursache vorherbestehen. Da Gott Intellekt ist, existieren die Geschöpfe intellektuell in Ihm. *Nun, das, was im Intellekt existiert, geht nur durch den Willen hervor. Der Wille ist tatsächlich der Vollstrecker des Intellekts, und das Intelligible bewegt den Willen; daher ist es notwendig, dass die von Gott geschaffenen Dinge durch den Willen hervorgebracht wurden.*

4- Aristoteles lehrt, dass die Handlung auf zwei Arten erfolgen kann. Im ersten Modus bleibt die Handlung im selben Agenten. Es ist die Perfektion und Akt des Agenten. Zum Beispiel: Wollen und Verstehen. Im zweiten Modus geht die Handlung vom Agenten auf ein äußeres passives Subjekt über. Es ist die Perfektion und Akt des Patienten. Zum Beispiel: Erwärmen und Bewegen. Gottes Handeln gehört zum ersten Modus, denn er tritt nicht aus sich selbst heraus: Seine Handlung ist seine Essenz. *Daher geschieht alles, was Gott tut, außerhalb von ihm, weil er es versteht und will.*

In diesem Sinne schließt der Aquinate in *De Potentia Dei*, dass jede Kreatur durch Gottes Willen und nicht aus Notwendigkeit der Natur hervorgeht.

Daher, in dem Maße, in dem etwas notwendig ist, geschieht dies, weil Gott es will, da die Notwendigkeit einer Wirkung von der Notwendigkeit der Ursache abhängt. Absolut betrachtet ist es nicht notwendig, dass Gott etwas außerhalb von sich selbst will. Daher ist es nicht notwendig, dass Gott will, dass die Welt immer existiert hat. Denn die Welt existiert, solange und in dem Maße, wie Gott will, dass sie existiert: Die Existenz der Welt hängt vom Willen Gottes als Ursache ab. Daher kann auch ihre ewige Existenz nicht bewiesen werden. Der Engel-Doktor denkt, dass die Argumente von Aristoteles zur Beweisführung der ewigen Existenz der Welt nicht absolut, sondern relativ sind; das heißt: um die Argumente der Alten, die völlig unzulässig sind, zu widerlegen. Außerdem *gibt es bestimmte dialektische Probleme, für die wir keine demonstrativen Argumente haben, wie zum Beispiel, ob die Welt ewig ist.*[106]

Bevor die Welt existierte, war es möglich, dass sie existierte, aber nicht durch irgendeine passive Potenz, die Materie, sondern durch die aktive Potenze Gottes.[107]

Auch wenn die Welt immer existiert hätte, würde sie sich doch nicht mit Gottes Ewigkeit gleichsetzen, wie Boethius am Ende von De Consolatione sagt. Denn die göttliche Existenz ist eine vollständige und gleichzeitige Existenz, ohne Sukzession. Dies trifft nicht auf die Welt zu.[108]

Abschließende Überlegungen

Jeder Agent arbeitet für einen Zweck. Gott ist sein eigener Zweck. Er versucht nur, seine Vollkommenheit, die seine Güte ist, zu vermitteln. Andererseits versuchen alle Geschöpfe, ihre Vollkommenheit zu erreichen, die darin besteht, der göttlichen Vollkommenheit und Güte zu ähneln. Daher ist die göttliche Güte das Ziel aller Dinge.[109]

Diejenigen, die aus sich selbst existieren, werden richtigerweise als **geschaffene Seiende** bezeichnet. Das sind die richtigen subsistenten Seiende, ob sie nun einfach sind, wie die einzelnen Substanzen (Engel, menschliche Seele), oder zusammengesetzt, wie die körperlichen Substanzen. Aber Formen und Akzidenzien sind keine Seiende an sich, sondern insofern, als etwas anderes wegen ihnen solche ist, so wie man sagt, dass das Weiße insofern existiert, als ein Subjekt wegen ihm weiß ist. Daher wird das Akzidens, statt an sich zu sein, das Sein eines anderen Seins genannt. Daher sollten die Formen und Akzidenzien eher als mitgeschaffen und nicht geschaffen bezeichnet werden.[110]

Erinnern wir uns daran, dass Aristoteles die Ewigkeit der Welt verteidigt hat und dass es daher in seinem Werk keinen Hinweis auf die Schöpfung gibt. Gott ist ein Beweger, aber nicht ein Schöpfer. Der heilige Thomas widerspricht dem Stagiriten: Außer Gott existiert nichts von Ewigkeit her. Dennoch räumt er in *Summa Theologica* I, q.46 a.2 Resp. *in fine* ein, dass diese Behauptung zwar glaubwürdig, aber metaphysisch nicht beweisbar oder wissbar ist.

Der göttliche Wille kann sich jedoch durch Offenbarung an den Menschen manifestieren, und das ist die Grundlage unseres Glaubens. Dass die Welt existiert hat, ist also glaubwürdig, aber nicht beweisbar oder wissbar. Es ist nützlich, sich dies vor Augen zu halten, damit nicht jemand, der sich anmaßt, die Dinge des Glaubens beweisen zu können, Argumente vorbringt, die nicht notwendig sind und die bei den Ungläubigen Gelächter hervorrufen könnten, weil sie denken könnten, dass sie Gründe sind, warum wir die Dinge des Glaubens annehmen.

Als Theologe war der heilige Thomas überzeugt, dass die Welt nicht von Ewigkeit her geschaffen wurde. Er ist der festen Überzeugung, dass es den Philosophen nie gelungen ist zu beweisen, dass eine Schöpfung aus der Ewigkeit unmöglich ist. Er hat nicht dogmatisch behauptet, dass die Vernunft allein nicht in der Lage ist, die Unmöglichkeit einer Schöpfung aus der Ewigkeit zu beweisen. Es handelt sich also um ein Problem, das die Philosophie nicht zu lösen vermochte, auch wenn die Theologie dem Wissen eine Antwort bietet.[111]

Außerdem war er davon überzeugt, dass der schöpferische Akt Gottes mit seiner Natur identisch ist, die im Wesentlichen unveränderlich ist.

Daraus folgt: Der schöpferische Akt ist ein notwendigerweise ewiger Akt, aber seine äußere Wirkung (die Welt) ist es nicht: Der ewige Gott schafft in der Zeit. Die Wahrheit dieses letzten Punktes ist von den Philosophen nicht bewiesen worden, aber sie haben auch nicht das Gegenteil beweisen können.[112]

Zusammenfassung der dargelegten Ideen

1-Erschaffen bedeutet, das universelle Sein von Seienden zu verursachen.

2-Geschaffen werden ist eine Art des Gemachtseins. Aber ohne etwas Präexistentes.

3-Schaffen bedeutet nicht, das Sein in einem anderen zu erzeugen, wie es Eltern mit ihren Kindern tun. Produziert, wer das spezifische Sein macht. Erschafft, der das universelle Sein macht.

4-Gott ist die erste Ursache der Welt (Zweiter Weg). Endliche Seiende sind kontingente Seiende, die ihre Existenz dem notwendigen Sein verdanken (Dritter Weg). Daher müssen endliche Seiende von Gott durch Schöpfung ausgehen.

5-Gott schafft aus den exemplarischen Ideen, die in seinem Geist sind. Oder besser: die sein eigenes göttliches Wesen sind. Diese Ideen entsprechen jeder Natur und jedem besonderen Seienden.

6-Gott erschafft aus dem Nichts, d.h. ohne jede vorher existierende Materie.

Gott hat die Welt nicht im Sinne von etwas Präexistentem aus dem Nichts erschaffen, sondern im Sinne von Existenz aus dem Nichts. Aus dem Nichts erschaffen bedeutet also nicht, aus etwas zu erschaffen. Dieser Ausdruck, weit davon entfernt, eine Materie am Ursprung der Schöpfung zuzulassen, schließt radikal alles aus, was wir uns vorstellen können; so sagen wir, dass ein Mensch durch nichts traurig ist, wenn seine Traurigkeit keine Ursache hat.[113]

7-Gott erschafft in der Zeit. Die Zeit ist mit-erschaffen. Sie existiert nicht vorher.

8-Schöpfung ist eine Beziehung. Real, von den Geschöpfen zu Gott. Aus der Vernunft, von Gott zu den Geschöpfen. Die Schöpfung ist weder Bewegung noch Mutation.

9-Schöpfung ist die Art und Weise, in der alles Sein aus seiner universellen Ursache, Gott, hervorgeht. Schöpfung bedeutet: a)der Akt, durch den Gott schafft, b)das Ergebnis dieses Aktes, d.h. seine Schöpfung. Im ersten Sinne ist Schöpfung dann gegeben, wenn es eine absolute Erzeugung des Existierens gibt. Wenn wir diesen Begriff auf die Gesamtheit des

Existierenden anwenden, werden wir sagen, dass die Schöpfung, die Erzeugung allen Seins, in dem Akt besteht, durch den derjenige, der ist, d.h. der reine Akt des Existierenden, die endlichen Akte des Existierenden bewirkt. Im zweiten Sinne ist die Schöpfung weder eine Art Beitritt zum Sein (da das Nichts zu nichts beitreten kann), noch eine Umwandlung durch den Schöpfer (da er nichts umzuwandeln hat), sondern nur eine *inceptio essendi, et relatio ad creatorem a quo esse habet"*. (Ich übersetze: *Anfang des Seins oder des Existierens, und Beziehung zum Schöpfer, von dem es Sein oder Existieren hat*).[114]

10- Es müssen die Substanzen als geschaffen bezeichnet werden, und Formen und Akzidenzien sind als mit-erschaffen zu bezeichnen.

11- Die Welt ist ewig, behauptete Aristoteles. Diese Behauptung ist glaubwürdig, aber metaphysisch gesehen nicht beweisbar oder erkennbar.

12- Der schöpferische Akt ist notwendigerweise ein ewiger Akt, aber seine äußere Wirkung (die Welt) ist es nicht: Der ewige Gott schafft die Welt in der Zeit. Die Wahrheit dieses letzten Punktes ist von den Philosophen nicht bewiesen worden, aber sie haben auch nicht das Gegenteil beweisen können.

13- Gott schafft aus freiem Willen, nicht aus natürlicher Notwendigkeit.

14- Die Schöpfung ist ein fortwährendes Werk: Gott übt eine bewahrende und erhaltende Tätigkeit an allem Geschaffenen aus. Er hat geschaffen und trennt sich nicht von seiner Schöpfung.

10. DIE SCHÖPFUNG IN DER *SUMME GEGEN DIE HEIDEN*

Die grundlegenden Konzepte werden von Sankt Thomas in Teil Zwei, zwischen den Kapiteln 16 und 38 entwickelt. Wie es seine Methode in diesem Werk ist, argumentiert er großzügig, um seine Behauptungen zu beweisen. Wir werden versuchen, die Hauptpunkte so klar wie möglich zu erklären.

Kapitel 16: Gott hat die Dinge aus dem Sein aus dem Nichts hervorgebracht

Das heißt, Gott hat die Dinge ins Sein gebracht, ohne dass etwas Vorheriges existierte, das als Materie diente.

1-Die Seienden sind Gottes Wirkungen (Zweiter und Dritter Weg). Als solche könnten sie potenziell von etwas Vorherigem herrühren oder nicht. In letzterem Fall sagen wir dann, dass Gott Wirkungen ohne etwas Vorheriges hervorbringt. Aber wenn sie von etwas Vorherigem herrühren, gibt es zwei Möglichkeiten, das Vorherige zu lokalisieren:

1.1. Unendliches Fortschreiten. Dies ist nicht möglich. Erinnern wir uns an das Gesagte über den unendlichen Aufstieg in den Kausalitätsketten, als wir die Fünf Wege behandelten. Oder

1.2. Wir gehen direkt auf etwas Erstes zurück, das kein anderes voraussetzt. Dieses Erste ist Gott. Er ist keine Materie, sondern reine Form; und nichts kann außerhalb von Ihm existieren, das nicht durch Ihn existiert.

Daher benötigt Gott keine vorherige Materie, um in der Produktion seiner Wirkungen zu handeln.

2-Das körperliche Seiende besteht aus Materie und Form. Es ist die Aufgabe des handelnden Agenten, Form der Materie hinzuzufügen, wie zum Beispiel der Handwerker, der Ton manipuliert, um ein Werkzeug zu erhalten. Ein solcher Agent ist ein bestimmter Agent, weil er einem bestimmten Seienden ein bestimmtes Sein verleiht. Er benötigt Materie, um zu produzieren. Aber Gott handelt als universeller, nicht bestimmter Agent, weil er die universelle Ursache des Seins in allen Seienden ist. Die Ursachen entsprechen dem, was verursacht wird: das besondere Ergebnis entspricht der besonderen Ursache; das Universelle dem Universellen. Nun ist Gott ein Agent im gleichen Sinne, wie er eine universelle Ursache des Seins ist: ein universeller, kein bestimmter Agent. Daher benötigt er in seinem Handeln keine vorherige Materie.

3-Etwas aus der Materie zu machen, bedeutet Bewegung oder Veränderung. Aber in Gott gibt es weder Bewegung noch Veränderung. Daher ist es möglich, die Dinge ohne vorherige Materie zu produzieren. Daher benötigt Gott in seinem Handeln keine vorherige Materie.

4-Was ausschließlich durch Bewegung und Veränderung wirkt, ist keine universelle Ursache des Seins. Tatsächlich resultiert das Seiende nicht einfach aus dem Nicht-Seienden durch Bewegung und Veränderung, sondern dieses Seiende aus diesem Nicht-Seienden. Aber Gott ist das universelle Prinzip des Seins, und in seinem Handeln ist Bewegung oder Veränderung unmöglich. Daher benötigt Gott in seinem Handeln keine vorherige Materie.

5-Die Materie ist in Bezug auf das handelnde Subjekt (Agent) wie das Subjekt, das die Handlung empfängt (Patient). Die Handlung des Agenten ist in der Materie, die sie empfängt, sein Akt und seine Form oder eine Anordnung zur Form. Aber im göttlichen Handeln gibt es keine Handlung, die notwendigerweise in einem Patienten-Subjekt empfangen werden muss, da Gottes Handeln seine eigene Substanz ist. Daher benötigt Gott in seinem Handeln keine vorherige Materie.

6-Jeder Agent, der eine vorherige Materie zum Handeln benötigt, muss auf eine Materie wirken, die seiner Handlung entspricht. So muss das, was in der Kraft des Agenten liegt, in der Potenz der Materie liegen. Andernfalls könnte er nicht in Akt über die potenzielle Materie handeln. Aber im Fall von Gott ist es unmöglich, dass die Materie im Verhältnis zur göttlichen Aktivität steht. Denn die Materie ist nicht in einer Potenz proportional zur absolut unendlichen göttlichen Aktivität. Daher benötigt Gott nicht unbedingt vorherige Materie zum Handeln.

7-Der Vielfalt der Dinge entspricht die Vielfalt der Materien: Eine ist die Materie der geistigen Dinge (z. B. das Verständnis) und eine andere die Materie der körperlichen Dinge (z. B. ein Tisch). Das ermöglicht uns zu behaupten, dass es keine Materie gibt, die in Potenz zum universellen Sein steht. Da Gott der ausschließliche Urheber des universellen Seins ist, gibt es keine Materie, die ihm angemessen entspricht. Daher benötigt Gott nicht unbedingt vorherige Materie zum Handeln.

8-Da Gott das Erste Sein und die Erste Ursache ist, kann er nicht das Ergebnis von etwas sein; zum Beispiel kann er nicht das Ergebnis von Materie sein. Er kann auch nicht von einer anderen dritten Ursache abhängen. Wenn also eine Materie gefunden wird, die zur göttlichen Aktivität passt, ist es absolut notwendig, dass Gott die Ursache dieser Materie ist. Es ist ein Wort: Gott muss es erschaffen. Daher benötigt Gott nicht unbedingt vorherige Materie zum Handeln.

9-Materie ist in Potenz. Gott ist im Akt. Daher muss Gott absolut vor der Materie sein, denn es gibt keine Potenz in der Natur ohne einen vorherigen Akt. Die Potenz wird nur durch ein handelndes Sein im Akt aktualisiert. Folglich ist Gott die Ursache der Materie und folglich auch für die Materie. Daher benötigt Gott nicht notwendigerweise eine vorherige Materie, um zu handeln.

10-Die Urmaterie existiert in gewisser Weise, da sie ein Seiendes in Potenz ist. Aber Gott ist die Ursache von allem, was existiert. Daher ist Gott die

Ursache der Urmaterie, die die erste von allem ist. Folglich erfordert das göttliche Handeln nichts Präexistentes.

Kapitel 17: Schöpfung ist weder Bewegung noch Veränderung

Durch die vielfältigen Argumente des Kapitels 16 ist bewiesen, dass Gottes Handeln keine vorherige Materie voraussetzt. Und sie wird Schöpfung genannt. Sie ist weder Bewegung noch Veränderung im eigentlichen Sinne.

1-Jede Bewegung oder Veränderung ist der Akt dessen, was in der Potenz ist, insofern es in der Potenz ist. Aber in der Schöpfung gibt es nichts Präexistentes in der Potenz, das die göttliche Handlung empfängt. Daher ist die Schöpfung weder Bewegung noch Veränderung.

2-Die Extreme der Bewegung oder der Veränderung befinden sich in derselben Ordnung. Die Extreme befinden sich unter derselben Gattung als Gegensätze (wie es bei der Bewegung der Aumentation und der Alteration der Fall ist); oder sie haben eine gemeinsame und einzigartige Potenz der Materie (wie es bei der Privation und der Form in der Generation und der Korruption der Fall ist). Keine dieser Annahmen kann auf die Schöpfung angewendet werden. In der Schöpfung gibt es weder Potenz noch Gattungen, die der Schöpfung selbst vorausgesetzt werden. Daher ist die Schöpfung keine Bewegung oder Veränderung.

3-Bei jeder Mutation oder Bewegung ist etwas in einer anderen Situation vorher und nachher. Aber angesichts der Annahme, dass die gesamte Substanz des Dinges im Sein hervorgebracht wird (das heißt, sie wird geschaffen), kann es kein Vorher und Nachher geben. Es ist unmöglich, dass dasselbe Ding auf eine Weise vor seiner Erschaffung und auf eine andere Weise danach existiert, denn dann wäre es nicht geschaffen, sondern vorausgesetzt für die Produktion. Daher ist die Schöpfung keine Bewegung oder Mutation.

4-Was gemacht wird, existiert noch nicht, denn solange die Bewegung andauert, wird es gemacht und existiert nicht. Am Ende der Bewegung beginnt die Stille: Es wird nicht mehr gemacht, sondern ist gemacht. Dies geschieht nicht in der Schöpfung, denn wenn die Schöpfung selbst als Bewegung oder Mutation vorausgehen würde, müsste ein Subjekt vorangestellt werden, was dem Wesen der Schöpfung widerspricht. Daher ist die Schöpfung keine Bewegung oder Mutation.

Kapitel 18: Lösung der Einwände gegen die Schöpfung

Der Engelsdoktor weist darauf hin, dass einige Menschen die Schöpfung aus Gründen bestreiten, die sich aus der Natur der Bewegung oder der Mutation ergeben.

(...) als ob es notwendig wäre, dass die Schöpfung, wie andere Bewegungen oder Mutationen, in einem Subjekt verifiziert wird, und es notwendig wäre, dass das Nichtsein in das Sein verwandelt wird, so wie das Feuer in die Luft verwandelt wird.

1-Die Schöpfung ist die Abhängigkeit des geschaffenen Seienden von dem Prinzip, das es hervorbringt. Sie ist keine Mutation, sondern eine Beziehung. Es spricht also nichts dagegen, sie im geschaffenen Seienden wie in einem Subjekt zu finden.

2-Wenn wir eine gewisse Mutation in der Beziehung wahrnehmen, dann nur entsprechend der Art, wie wir sie verstehen. In der Tat stellt unser Verständnis es so dar, als ob dasselbe Seiende vorher nicht existierte und danach existierte.

3-Die Schöpfung als Beziehung ist etwas Reales. Denn wie alle Dinge von Gott im Sein produziert werden, so wurde sie von Gott im Sein produziert. Aber sie wurde nicht durch eine andere Schöpfung geschaffen, sondern durch das erste Geschöpf, durch dessen Schöpfung sie geschaffen worden sein soll.

4-Akzidenzien und Formen, die kein eigenes Sein haben, werden auch nicht durch ihre eigene schöpferische Tätigkeit erschaffen. Die Schöpfung ist die Hervorbringung des Seins. Akzidenzien und Formen sind in einem anderen. Deshalb werden Akzidenzien und Formen erschaffen, wenn der andere erschaffen wird.

5-*Die Beziehung bezieht sich nicht durch eine andere Beziehung, denn dann wären wir in einem unbestimmten Prozess; sondern sie bezieht sich durch sich selbst, weil sie wesentlich Beziehung ist. Daher bedarf es keiner weiteren Schöpfung, damit die Schöpfung selbst erschaffen werden kann, und sie muss auf diese Weise unendlich fortschreiten.*

Kapitel 19: In der Schöpfung gibt es keine Sukzession

1-Die Sukzession gehört zur Bewegung. Aber die Schöpfung ist weder Bewegung noch das Ende der Bewegung, wie die Mutation. Daher gibt es in der Schöpfung keine Sukzession.

2-In jeder sukzessiven Bewegung gibt es etwas, das zwischen den Extremen liegt, nämlich zwischen dem Beginn der Bewegung und ihrem Ende oder Stillstand. Aber zwischen Sein und Nichtsein, den Extremen der Schöpfung, gibt es kein Dazwischen: Das Seiende ist entweder oder ist nicht. Deshalb gibt es in der Schöpfung keinerlei Sukzession.

3-In jeder Handlung, die eine Sukzession beinhaltet, ist das Geschaffene vor dem Geschaffenen. In der Schöpfung ist dies unmöglich. Denn das Geschaffene, das dem Geschaffenen vorausgeht, bräuchte ein Subjekt. Dies kann nicht das geschaffene Seiende selbst sein, da das geschaffene Seiende vor dem Geschaffenwerden nicht existiert. Das Geschaffene müsste also ein Subjekt haben, das vor der Wirkung existiert, was dem Wesen der Schöpfung widerspricht. Daher gibt es in der Schöpfung keinerlei Sukzession.

4-Jede sukzessive Operation bedeutet eine quantitative oder qualitative Unterteilung der sich bewegenden Einheit. Diese Operation wird durch die

Zeit gemessen. **Im ersten Fall** gibt es ein Vorher und ein Nachher der Operation, wie bei der lokalen Bewegung beobachtet. **Im zweiten Fall** wird die Intensität und Abnahme der Form - die der Begriff der Bewegung ist - beschrieben, wenn man zum Beispiel bedenkt, dass, wenn sie sich in einer so langen Zeit so stark erwärmt hat, sie sich in einer kürzeren Zeit weniger erwärmen wird. Aber das Wesen des geschaffenen Seienden ist nicht auf die beschriebene Weise teilbar. Denn das Wesen lässt weder ein Mehr noch ein Weniger zu. Außerdem gibt es in der Schöpfung keine vorhergehenden Dispositionen, da die Materie nicht vorher existiert, weil die Disposition der Materie eigen ist. Daher gibt es in der Schöpfung keinerlei Sukzession.

5-Die Sukzessivität in den Operationen der Entitäten ergibt sich aus dem Mangel an Materie, die von Anfang an nicht ausreichend bereit ist, Form zu empfangen. Im Gegenteil, wenn die Materie vollkommen für die Form disponiert ist, empfängt sie sie augenblicklich. *So wird zum Beispiel das durchscheinende Seiende, das sich immer in der letzten Bereitschaft für das Licht befindet, sobald das Leuchtende vorhanden ist, sofort beleuchtet; und keine Bewegung des zu Beleuchtenden geht dem voraus, sondern nur die örtliche Bewegung des Beleuchtenden, die notwendig ist, um es vorhanden zu machen.* Aber in der Schöpfung ist es nicht so. Erstens gibt es keine Vorbedingung von Seiten der Materie, die nicht existiert. Zweitens fehlt es dem Agenten an nichts, um zu handeln, was ihm nachträglich durch Bewegung zukommen kann, da er unbeweglich ist. Die Schöpfung findet augenblicklich statt. So ist ein Ding, während es erschaffen wird, bereits erschaffen, so wie es sowohl beleuchtet als auch erleuchtet ist. Daher gibt es bei der Schöpfung keine Sukzession.

Kapitel 20: Kein Körper kann erschaffen

1-Kein Körper handelt, wenn er nicht bewegt wird. Kein Körper bewegt sich, wenn nicht in der Zeit. Folglich geschieht alles, was ein Körper tut, sukzessiv. Aber die Schöpfung impliziert das Fehlen von Bewegung und Sukzession. Daher kann nichts einen Körper durch Schöpfung hervorbringen.

2-Da der Agent und der Effekt ähnlich sein müssen, kann derjenige, der nicht mit seiner ganzen Essenz handelt, nicht die gesamte Essenz des Effekts produzieren. Kein Körper handelt mit seiner ganzen Essenz, die Materie und Form ist. Und wenn er handelt, handelt er, wie jeder Agent, nur durch die Form. Nur derjenige, dessen Sein vollständig Form ist, kann mit seiner ganzen Essenz oder Substanz handeln. Daher kann kein Körper etwas mit seiner ganzen Essenz oder Substanz produzieren.

3-Erschaffen ist ausschließlich einer unendlichen Macht eigen. Keine körperliche Macht ist unendlich, wie Aristoteles im Buch VIII der *Physik* beweist. Daher kann nichts einen Körper durch Schöpfung hervorbringen.

4-Der Beweger und das Bewegte, der Agent und das Geschaffene, müssen gleichzeitig existieren, wie im Buch VII der *Physik* bewiesen wird. Es ist für einen Körper unmöglich, zu handeln, außer durch Berührung. Sie entsteht zwischen zwei. Aber bei der Schöpfung gibt es nichts anderes als das Mittel, und folglich kann es keine Berührung geben. Daher kann kein Körper durch Schöpfung wirken.

Kapitel 21: Schöpfen ist ausschließlich Gottes eigen.

Die islamischen Philosophen, insbesondere Avicenna, leugnen, dass die Schöpfung ausschließlich Gott gehört.

Er gibt zu, dass die Schöpfung die eigene Handlung Gottes, der universellen Ursache, ist. Aber er akzeptiert auch, dass bestimmte niedrigere Ursachen, die als Instrumente der Ersten Ursache wirken, in der Lage sind zu schaffen.

Auch Peter Lombard, berühmt für seine Sentenzen, die von der gesamten philosophischen Welt kommentiert werden, sagt, dass Gott der Kreatur die Schöpfungskraft mitteilen kann, wenn auch nur als Diener und nicht durch seine eigene Autorität.

Sankt Thomas verteidigt ausschließlich für Gott die schöpferische Kraft, mit Argumenten, die wir so klar wie möglich darzustellen versuchen:

1-Die Reihenfolge der Agenten entspricht der Reihenfolge der Handlungen, so dass die edelste Handlung dem edelsten Agenten gehört. Die Schöpfung ist die erste Handlung, denn sie setzt keine andere voraus, und alle anderen setzen sie voraus. Folglich muss sie dem ersten Agenten gehören, das heißt Gott. Also, die Schöpfung ist ausschließlich Gottes eigen.

2-Gott erschafft die Dinge, denn nichts existiert außer Ihm selbst, das nicht von Ihm verursacht wird. Dies trifft nur auf Gott zu, denn nur Er ist die universelle Ursache des Seins. Also, die Schöpfung ist ausschließlich Gottes eigen.

3-Die Wirkungen stehen im Verhältnis zu ihren Ursachen: Potenzielle Wirkungen werden potenziellen Ursachen zugeschrieben; spezifische Wirkungen spezifischen Ursachen usw. Das universelle Sein, das allen Seienden entspricht, ist das erste Verursachte, wie aus seiner Universalität hervorgeht. Also ist seine eigene Ursache der erste und universelle Agent, Gott. *Die anderen Agenten sind nicht Ursache des gesamten Seins, sondern Ursachen eines bestimmten Seins, wie das Sein eines Menschen oder das Sein von Weißsein.* Die göttliche Handlung schafft das universelle Sein. In diesem Fall kann nichts vorausgesetzt werden, denn nichts kann vor dem universellen Sein existieren, das außerhalb von Ihm liegt. Die übrigen Handlungen erzeugen ein bestimmtes Sein: Aus einem vorausgegangenen Sein kann ein anderes gemacht werden. Also wird das gesamte Sein durch Schöpfung verursacht, die nichts voraussetzt, weil nichts außerhalb des gesamten Seins existieren kann, während die anderen Arten von Handlungen ein bestimmtes Sein schaffen, weil aus einem vorausgegangenen Sein dieses oder jenes Sein gemacht wird. Also ist die Schöpfung ausschließlich Gottes eigen.

4-Jede Substanz, außer Gott, hat ihr Sein von einem anderen verursacht. Also ist es unmöglich, dass die Substanz Ursache des Seins ist, es sei denn als Instrument, das in der Kraft eines anderen handelt. Nun wird nie auf ein

Instrument zurückgegriffen, es sei denn, um etwas durch Bewegung zu bewirken, denn das Wesen des Instruments ist es, bewegender und bewegter zu sein. Die Schöpfung ist keine Bewegung. Also ist die Schöpfung ausschließlich Gottes eigen.

5-Es muss, wenn etwas durch das Instrument verursacht wird (Instrumentalursache), jemanden geben, der den Einfluss der ersten oder Hauptursache empfängt. Die Instrumentalursache setzt die erste oder Hauptursache voraus, der sie dient. Dieses Prinzip widerspricht dem Konzept der Schöpfung, da die Schöpfung nichts voraussetzt. *Daher kann niemand außer Gott erschaffen, weder als Hauptagent noch als Instrument.*

6-Ursache für jemanden in einer bestimmten Natur zu sein, bedeutet, einer spezifischen und individualisierten Entität die gemeinsame Natur zuzuschreiben. Der Vater ist Ursache der menschlichen Natur im Sohn. Aber nicht als erste Ursache, denn wenn er es wäre, würde das bedeuten, dass der Vater ungeursacht ist und die menschliche Natur nicht von jemandem erhalten hat. Und wir wissen, dass dem nicht so ist, dass er seine menschliche Natur von seinen Vorfahren erhalten hat. Die Schöpfung setzt keine Subjekte voraus, denen etwas zugeschrieben werden kann. *Also ist es unmöglich, dass ein geschaffenes Wesen ein Schöpfer eines anderen ist.*

7-Wenn ein Seiendes erzeugt wird, z.B. ein Mensch, dann wird es richtig aus dem Nicht-Seienden erzeugt (der Mensch wird aus dem Nicht-Menschen erzeugt), und das Sein wird akzidentiell erzeugt, denn es wird nicht aus dem absoluten Nicht-Sein erzeugt, sondern aus diesem Nicht-Sein. Wenn aber etwas aus dem absoluten Nichtsein gemacht wird, dann ist das Sein richtig gemacht. In diesem Fall muss es von demjenigen gemacht werden, der die Ursache des Seins an sich ist, denn Wirkungen werden proportional zu ihren Ursachen reduziert. Die Ursache des Seins an sich ist nur das erste Sein; die anderen sind Ursachen des Seins, die akzidentiell und nur einem bestimmten Sein eigen sind. *Und da das Hervorbringen des Seins, ohne es aus einem präexistenten Sein zu nehmen, das Schaffen ist, ist es Gott allein vorbehalten, zu schaffen.*

Kapitel 22: Gott kann alles

Sankt Thomas argumentiert, dass die Macht Gottes nicht auf die Produktion eines einzigen Effekts beschränkt ist, sondern dass er alles kann. Oder um den thomistischen Ausdruck zu verwenden: Er kann alle Effekte bewirken.

Es waren die islamischen Philosophen, die behaupteten, dass eine einzige und einfache Ursache nur einen einzigen Effekt verursachen könne. Deshalb schrieben sie den Geschöpfen die Kraft zu, zu erschaffen. Da aus dem Einen nur das Eine hervorgehen kann; muss man eine Abfolge von Ursachen annehmen, von denen jede einen Effekt produziert. Andernfalls kann nicht erklärt werden, wie aus der Ersten Ursache, Gott, eine Vielzahl von Seienden hervorgegangen ist.

Die islamischen Philosophen argumentierten so, denn sie betrachteten die Schöpfung als eine notwendige und nicht freiwillige Produktion Gottes. Dass eins eins produziert, ist wahr nur, wenn es sich um ein Handeln aus Notwendigkeit der Natur handelt. Nicht, wenn es als freiwilliges Handeln betrachtet wird.

Außerdem verfälscht die Annahme dieses Kriteriums den Begriff der Schöpfung. Dass eine Kreatur erschaffen kann, setzt die vorherige Existenz dieser Kreatur voraus. Der Begriff der Schöpfung setzt weder voraus, dass bereits Materie existiert, noch eine effiziente Ursache.

Schauen wir uns einige Argumente von Sankt Thomas an:

1-Nur Gott kann erschaffen. Alles, was erschaffen werden kann, wird sofort von Gott erschaffen, ohne Vermittler und ohne vorherige Materie. So kann er verschiedene Effekte in verschiedenen Materien verursachen, wie die Hitze des Feuers, die den Lehm aushärtet und das Wachs schmilzt. Daher ist die Macht Gottes nicht auf einen Effekt festgelegt. Denn er ist die wesentliche Ursache des Seins der Seienden als solcher, nicht dieses bestimmten Seienden.

2-Da die göttliche Kraft die wesentliche Ursache des Seins ist und das Sein ihr eigenes Ergebnis ist, erstreckt sich die göttliche Kraft auf alles, was dem Seinsgrund nicht widerspricht. Dem Seinsgrund widersetzt sich das Gegenteil des Seins, das Nichtsein. Daher erstreckt sich die göttliche Kraft auf alles, was keinen Grund des Nichtseins in sich enthält. Letzteres ist das, was Widerspruch impliziert. Daher erstreckt sich die Macht Gottes auf alles, was keinen Widerspruch impliziert.

3-Jeder Agent handelt, wenn er im Akt ist. Gott ist reiner Akt. Und vollkommen. Seine Kraft ist perfekt und erstreckt sich auf alles, was seiner Natur, die im Akt zu sein ist, nicht widerspricht. Das ist nur das, was Widerspruch impliziert. Der Widerspruch widersetzt sich seiner Natur. Daher kann Gott alles tun, außer das Widersprüchliche.

4-Alles, was in der aktiven und passiven Potenz des von Gott geschaffenen Seienden ist, kann Gott durch seine aktive Potenz tun. In der Potenz des geschaffenen Seienden ist alles, was dem Sein des geschaffenen Seienden nicht widerspricht. Daher kann Gott alles tun.

5-Der Engelsdoktor lehrt, dass ein Seiende aus drei Gründen daran gehindert sein kann, einen Effekt zu erzeugen. **Erstens**: wenn der Effekt keine Affinität oder Ähnlichkeit mit dem Agenten hat. Jeder Agent handelt in gewisser Weise, was ihm ähnlich ist. Daher kann die Potenz, die im Samen des Menschen vorhanden ist, kein Tier oder Pflanze, sondern nur einen Menschen hervorbringen. **Zweitens**: wenn der Effekt über die aktive Potenz des Agenten hinausgeht. Zum Beispiel kann die körperliche aktive Potenz keine getrennte Substanz produzieren (die reine Form ist, wie der Engel). **Drittens**: aufgrund eines Mangels an Materie. Wenn der Agent nicht auf eine bestimmte Materie einwirken kann. Zum Beispiel kann der Schreiner nicht mit Metallen arbeiten. Sein Wissen und die Werkzeuge, die ihm zur Verfügung stehen, hindern ihn daran, Effekte in diesen zu erzeugen.

Anschließend stellt er klar, dass keiner der drei beschriebenen Modi die göttliche Potenz einschränkt. **Erstens**: Nichts kann Gott aufgrund der Unähnlichkeit des Effekts unmöglich sein; denn jedes Seiende ist ihm ähnlich, soweit es Sein hat. **Zweitens**: Kein Effekt, wie exzellent auch immer, kann die göttliche Potenz übertreffen. **Drittens**: Gott ist Ursache des Seienden, das sein direktes Ergebnis durch Schöpfung ist. Um zu handeln, benötigt Gott keine Materie: Er bringt das Ding ins Sein, ohne dass etwas davon vorher existiert.

Kapitel 23: Gott handelt nicht aus Naturnotwendigkeit

Gott erschafft durch den Beschluss seines Willens.

1-Die Kraft aller, die aus natürlicher Notwendigkeit handeln, ist auf einen bestimmten Effekt festgelegt. Deshalb geschieht alles Natürliche immer auf die gleiche Weise. Wie bereits erwähnt, ist die göttliche Kraft nicht nur auf einen Effekt ausgerichtet, sondern auf die Produktion des universalen Seins aller Seiende. Folglich handelt Gott freiwillig und nicht aus Naturnotwendigkeit.

2-Wie bereits erwähnt, fällt alles, was keinen Widerspruch enthält, unter die göttliche Potenz. Wir sehen in der Natur, dass Gott das Universum auf eine bestimmte Weise erschaffen hat, zum Beispiel *mit einer bestimmten Anzahl, Größe und Entfernungen der Sterne und anderer bestimmter Körper*. Aber es wäre kein Widerspruch, wenn er das Universum *mit einer anderen Ordnung, einer anderen Anzahl, Größe und Entfernungen der Sterne und anderer Körper* geschaffen hätte. *Wer also aus den Dingen, die er tun kann, einige wählt und andere nicht, handelt aus freier Wahl und nicht aus natürlicher Notwendigkeit*. Folglich handelt Gott freiwillig und nicht aus Naturnotwendigkeit.

3-Gott erschafft durch sein Verstehen. Er wirkt keinen Effekt außer durch seinen Willen, der durch das Gute, das ihm das Verständnis zeigt, bewegt wird. Folglich handelt Gott freiwillig und nicht aus Naturnotwendigkeit.

4-Nach Aristoteles hat jede Handlung eine doppelte Dimension. Erstens: Die Handlung bleibt beim Agenten und vervollkommnet ihn, wie das Sehen. Zweitens: Die Handlung tritt nach außen und vervollkommnet den Effekt, wie beim Feuer, das brennt. Die göttliche Handlung ist von der ersten Dimension, da die Handlung Gottes seine Substanz ist. Solche Handlungen sind kognitiv und willentlich. Gott handelt wissend und wollend. Folglich handelt Gott freiwillig und nicht aus Naturnotwendigkeit.

5-Gott handelt für ein Ziel. Die Schöpfung ist kein Werk des Zufalls, sondern auf das Gute ausgerichtet. Gott, der erste Agent, der für ein Ziel handelt, muss notwendigerweise durch Verständnis und Willen handeln. Denn Dinge, die kein Verständnis haben, handeln auf ein Ziel hin, als wären sie von einem anderen gelenkt. Beispielsweise ist dies bei Tieren der Fall, die die Anforderungen ihrer Art ohne Unterscheidung erfüllen, indem sie durch das Gebot ihrer Art und nicht durch Wahl zum Erreichen dieser Ziele geführt werden. Das Wissen um das Ziel und die geeigneten Mittel zu seiner Erreichung erfordert Intelligenz. Daher handelt Gott, als erster Agent, nicht aus natürlicher Notwendigkeit, sondern durch Verständnis und Willen.

6-Wer nicht Herr seiner Handlung ist, handelt nicht für sich selbst, sondern für einen anderen. Dies ist bei Gott, dem vollkommenen Wesen, unmöglich: Gott muss wie ein Herr seiner Handlung handeln. Aber nur derjenige ist Herr seiner Handlung, der durch den Willen handelt. Folglich handelt Gott, der erste Agent, aus freiem Willen und nicht aus natürlicher Notwendigkeit.

7-Das, was wir aus freiem Willen tun, ist vollkommener als das, was wir aus natürlicher Notwendigkeit tun. Die Handlung des Agenten, der freiwillig handelt, ist daher vollkommener als die Handlung, die durch natürliche Notwendigkeit verursacht wird. Folglich ist die vollkommenste Handlung Gott vorbehalten, dem ersten Agenten. Er handelt aus freiem Willen und nicht aus natürlicher Notwendigkeit.

8-Nach der Argumentation von Nr. 7 können wir sagen, dass im Menschen das Verstehen überlegen ist, das aus freiem Willen handelt, im Vergleich zur pflanzlichen Seele, die aus natürlicher Notwendigkeit handelt. Aber die göttliche Kraft ist überlegen gegenüber der Kraft aller geschaffenen Seienden. Folglich handelt sie in allem aus freiem Willen und nicht aus natürlicher Notwendigkeit.

Kapitel 30: Es gibt einige geschaffene Seiende, die natürlicherweise und absolut notwendig sind.

1-Natürlicherweise und absolut notwendig sind die Seienden, bei denen es keine Möglichkeit gibt, nicht zu sein. Dies sind die von Gott geschaffenen Seienden, bei denen keine Materie existiert oder, wenn sie existiert, keine Möglichkeit für eine andere Form besteht. Folglich sind solche Seiende absolut und natürlich notwendig.

2-Genau genommen gibt es keine Potenz des Nicht-Seins in den geschaffenen Dingen. Es ist der Schöpfer, der die Macht hat, ihnen das Sein zu geben oder ihnen das Sein zu entziehen. Da er die Dinge nicht aus Notwendigkeit der Natur erschafft oder handelt, sondern durch seinen Willen.

3-Beim Erschaffen der Seienden hindert nichts daran, dass Gott wollte, dass einige notwendig und andere kontingent sind, damit es in den Dingen eine geordnete Vielfalt gibt.

4-Es spricht nichts dagegen, dass ein geschaffenes Seiendes notwendig ist und diese Notwendigkeit verursacht wird, wie zum Beispiel *die Schlussfolgerungen von Demonstrationen*. Diese absolute Notwendigkeit einiger geschaffener Wesenheiten zeugt nach Ansicht von Aquin von göttlicher Vollkommenheit.

5-Wenn ein Seiende Gott näher ist, entfernt es sich mehr vom Nicht-Sein. Je weiter es von Gott entfernt ist, desto näher kommt es dem Nicht-Sein. *Die Potenz des Nicht-Seins, die ein existierendes Seiende haben kann, ist das, was seine Nähe zum Nicht-Sein begründet. Daher muss das, was sehr nahe bei Gott ist und daher äußerst fern vom Nicht-Sein, so sein – um die vollständige Ordnung der Dinge zu bewahren – dass darin keine Potenz des Nicht-Seins vorhanden ist.* Ein solches Seiende ist absolut notwendig geschaffen.

6-Die Materie an sich ist ein Seiende im Potenzial und kann sowohl dieses Seiende sein als auch nicht sein, je nachdem, ob die Form sie aktualisiert oder nicht. Die Notwendigkeit zu existieren in einigen Seienden kommt von der Form, die die Materie begrenzt. Dies geschieht:

6.1. Weil solche Seiende Formen ohne Materie sind. Sie haben keine Potenz des Nicht-Seins, da sie immer die Fähigkeit haben, durch ihre Form zu sein. Zum Beispiel: die Engel.

6.2. Weil solche Seiende Formen haben, die ihre Vollkommenheit der gesamten Potenz der Materie anpassen. So bleibt keine Potenz für eine andere Form übrig und folglich auch keine für das Nicht-Sein. Zum Beispiel: die Himmelskörper.

Aber es gibt auch Seiende, bei denen ihre Formen nicht die Potenzialität der Materie ausfüllen, die immer noch darauf wartet, durch andere Formen aktualisiert zu werden. In diesen Seienden besteht keine Notwendigkeit zu sein oder zu existieren, sondern *die Kraft zu existieren ist (in diesen Seienden) das Ergebnis des Sieges der Form über die Materie.* Das ist der Fall bei der Allgemeinheit der Dinge, die uns umgeben.

Kapitel 31: Es ist nicht notwendig, dass es immer Geschaffene gegeben hat

Hier argumentiert Sankt Thomas über die Ewigkeit der Welt und behauptet: *Es ist nicht notwendig, dass es immer geschaffene Dinge gegeben hat.*

1-Das Geschaffene entspringt dem freien Willen Gottes. Gott hat nicht aus Notwendigkeit der Natur erschaffen. Das Ziel der göttlichen Schöpfungstat ist seine Güte, die nicht von den Geschöpfen abhängt. Daher ist es nicht absolut notwendig, dass das Geschöpf existiert, damit Gott es erschafft. Folglich ist es auch nicht notwendig zu behaupten, dass es immer existiert hat, damit Gott es geschaffen hat.

2-Gott handelt nicht durch eine Handlung, die außerhalb von Ihm liegt, als ob sie von Ihm ausgeht und im Geschöpf endet. Die Schöpfung beinhaltet keine Bewegung oder Veränderung. Gottes Wille ist sein Handeln und sein Wesen. Es ist nicht notwendig, dass Gott die ewige Existenz des Geschöpfes gewollt hat, da es auch nicht notwendig ist, dass Gott absolut will, dass das Geschöpf existiert. Daher ist es nicht notwendig, dass das Geschöpf immer existiert hat.

3-Nichts entsteht notwendigerweise durch einen freiwilligen Agenten, sondern aufgrund einer Schuld. In diesem Fall sagen wir, dass der Agent gerecht handelt, indem er dem gibt, was ihm zusteht. Aber Gott hatte keine Schuld daran, das Geschöpf zu erschaffen. *Und folglich ist es auch nicht notwendig, dass Gott, obwohl er ewig ist, das Geschöpf seit Ewigkeit hervorgebracht hat.*

4-Die Notwendigkeit, die etwas in Bezug auf etwas hat, das an sich nicht notwendig ist, zwingt nicht dazu, dass es immer existiert hat; wie im Fall, dass etwas rennt, sich bewegt. Denn es ist nicht notwendig, dass es immer in Bewegung war: Die Bewegung selbst ist nicht notwendig an sich. Daher zwingt nichts dazu zu folgern, dass die Geschöpfe immer existiert haben.

Anschließend bietet Sankt Thomas die Argumente derjenigen dar, die die Ewigkeit der Welt lehren. Er tut dies in drei Kapiteln: 32, 33 und 34. Es ist nicht notwendig zu erwähnen, dass sie nicht mit den dargelegten Argumenten übereinstimmen. Daher werden nach jedem von ihnen die Gegenargumente des Angelischen Doktors in den Kapiteln 35, 36 und 37 vorgestellt.

Kapitel 32: Argumente derer, die die Ewigkeit der Welt behaupten

Hier argumentieren Sankt Thomas über die Ewigkeit der Welt und behaupten: *Es ist nicht notwendig, dass es immer geschaffene Dinge gegeben hat.*

1-Jedes Seiende, das sich nicht immer bewegt, bedarf eines Aktes, der es in Bewegung setzt. Dies gilt auch für Gott in Bezug auf die Seienden, die seine Effekte sind. Um sie im Sein zu erhalten, muss Er handeln. Die göttliche Handlung beinhaltet Veränderung oder Bewegung, seit Ewigkeit. Folglich sind die geschaffenen Dinge ewig.

Sankt Thomas antwortet darauf: Gott bewegt sich weder, um zu erschaffen, noch um seine Geschöpfe im Sein zu erhalten. Dies kann für jedes andere handelnde Sein verstanden werden, aber nicht für Gott. Denn seine Handlung ist sein Wesen, kein Akzidens. Die Wirkung seiner schöpferischen Handlung beweist nicht notwendigerweise, dass der Agent - Gott - sich bewegt oder verändert hat.

2-Die Handlung Gottes ist ewig. Das Gegenteil zu behaupten bedeutet, zu akzeptieren, dass er von einem Potenzialagenten zu einem Aktagenten übergehen kann. Dafür müsste er jedoch durch einen früheren Agenten zum Akt reduziert werden, was unmöglich ist. Daher haben die von Gott geschaffenen Dinge seit Ewigkeit existiert.

Sankt Thomas antwortet darauf: Auch aus der ewigen Handlung Gottes als Schöpfer (erster Agent) ergibt sich nicht notwendigerweise die Ewigkeit seiner Wirkung. Denn Gott erzeugt die Effekte direkt durch seinen Willen. Er handelt nicht wie wir, mit Zwischenschritten zwischen ihm und der Wirkung. Zum Beispiel: *Bei den Geschöpfen ist die Handlung der beweglichen Kraft ein Zwischenschritt zwischen dem Willensakt und der Wirkung.* Gott wirkt ohne Zwischenschritte, *weil sein Wollen und Verstehen notwendigerweise sein Handeln sind.* Mit anderen Worten: Sie sind identisch mit seinem Wesen. Nun, genauso wie das Verstehen die Wirkung bestimmt (das geschaffene Ding), kann es auch jede andere

Bedingung vorschreiben, zum Beispiel die Zeit in Bezug auf das geschaffene Ding. *Denn die Kunst bestimmt nicht nur, dass etwas so sei, sondern auch, dass es zu einem bestimmten Zeitpunkt existiert, wie der Arzt, der das Heilmittel zu einem bestimmten Zeitpunkt verabreicht.* Folglich können wir sagen, dass die göttliche schöpferische Handlung seit Ewigkeit existierte, aber ihre Wirkung existierte nicht seit Ewigkeit, sondern im Moment, den das göttliche Verständnis seit Ewigkeit bestimmt hat.

3-Eine ausreichende Ursache wird notwendigerweise von ihrer Wirkung begleitet. Es wäre keine ausreichende Ursache, sondern nur eine bloße Möglichkeit, wenn sie auf etwas Zusätzliches angewiesen wäre, um ihre Wirkung zu verwirklichen. Gott ist die ausreichende Ursache für die Erschaffung der Geschöpfe. Es ist unmöglich, dass Er aktualisiert wird, denn Er ist reine Akt. Wenn es keine ausreichende Ursache wäre, wäre es in der Potenz, eine Ursache zu sein, denn es würde eine Ursache durch etwas Zusätzliches geben, was offensichtlich unmöglich ist. Folglich, wenn Gott seit Ewigkeit existiert, ist es notwendig, dass auch die Geschöpfe seit Ewigkeit existiert haben.

Sankt Thomas antwortet darauf: Angenommen, dass Gott die ausreichende Ursache für die Erschaffung aller Seienden in ihrem universellen Sein ist, dann ist es nicht notwendig, zu folgern, dass die geschaffenen Seienden (Effekte) ewig sind, weil Gott (erster Agent und Ursache) ewig ist. In diesem Fall ist das Argument ähnlich wie das im Punkt 2. Gottes Verstehen und Wollen wirken direkt auf die Produktion des Seienden, ohne Zwischenschritte, wie es bei menschlichen Kreaturen der Fall ist. Folglich ist es nicht erforderlich, dass der Effekt existiert, wenn der göttliche Akt existiert, sondern wenn Gott ihn seit Ewigkeit bestimmt hat.

4-*(...) Es ist offensichtlich, dass alles, was Gott jetzt will, er seit Ewigkeit wollte, da ihm kein neuer freiwilliger Akt zustoßen kann, und seiner Macht kein Mangel oder Hindernis entgegenstehen kann, und er auch nichts erwarten konnte, um die Gesamtheit der Geschöpfe zu produzieren, da es kein anderes ungeschaffenes Sein als ihn selbst gibt (...). Folglich scheint es notwendig zu sein, dass er das Geschöpf seit Ewigkeit im Sein hervorbringen müsste.*

Sankt Thomas antwortet darauf: Es fällt unter den göttlichen Willen nicht nur, dass sein Effekt existiert, sondern auch, dass er existiert, wenn Gott es bestimmt. Folglich erschafft Gott seit Ewigkeit und kann frei wählen, dass das Geschöpf zu einem bestimmten Zeitpunkt existiert und nicht zu einem anderen. Das Geschöpf beginnt zu existieren, sobald Gott es bestimmt hat.

5-Der Wille Gottes ist indifferent, um das Geschöpf für die ganze Ewigkeit hervorzubringen. Folglich möchte er entweder, dass das Geschöpf für die ganze Ewigkeit nie existiert oder dass es immer existiert. Es ist nicht sein Wille, dass die Geschöpfe für die ganze Ewigkeit nie existieren, wie aus der Tatsache ihrer Schöpfung hervorgeht. Folglich scheint es absolut notwendig zu sein, dass das Geschöpf immer existiert hat.

Sankt Thomas antwortet darauf: *Gott hat gleichzeitig im Sein sowohl die Seienden als auch die Zeit hervorgebracht. Daher gibt es keinen Grund, darüber nachzudenken, warum jetzt und nicht früher, sondern warum nicht immer. (...) Bei der Produktion aller Seienden, außerhalb derer es keine Zeit gibt, und mit der gleichzeitigen Produktion der Zeit, sollten wir der Frage, warum es jetzt und nicht früher ist, keine Beachtung schenken, die uns dazu drängen würde, die Unendlichkeit der Zeit anzuerkennen; sondern es sollte nur betrachtet werden, warum nicht immer oder warum nach dem Nichtsein oder mit einem Anfang.*

6-Was auf ein Ziel ausgerichtet ist, hat seinen Grund in dem Ziel. Das Ziel der Seienden ist die göttliche Güte. Daher scheint es, dass sie für die Ewigkeit durch den göttlichen Willen erschaffen wurden, da die göttliche Güte zusammen mit dem göttlichen Willen für alle Ewigkeit bestehen bleibt.

Sankt Thomas antwortet darauf: Das Ziel des göttlichen Willens ist seine Güte. Gott handelt durch das Ziel. Wenn er erschafft, geschieht dies als Teilhabe der erschaffenen Seienden am Ziel. Die Erschaffung erfolgt durch die Teilhabe des Geschaffenen an seiner Güte. Das Ziel sollte nicht als Ursache für das ewige Schaffen betrachtet werden. Es sollte auf die Anordnung des Ziels in Bezug auf das Geschaffene geachtet werden. Daraus ergibt sich, dass das Geschaffene auf die für das Ziel angemessenste Weise geschaffen wird: durch seine Teilhabe an der göttlichen Güte. *Daraus folgt, dass selbst wenn das Ziel in einheitlichem Verhältnis zum Agenten steht, daraus nicht geschlossen werden kann, dass der Effekt ewig ist.*

7-Alle Dinge nehmen an der Güte Gottes teil, indem sie Seiende sind. Die göttliche Güte ist ewig. Es ist ihre Eigenschaft, sich für alle Ewigkeit zu kommunizieren und nicht nur zu einem bestimmten Zeitpunkt. Daher scheint es sehr der göttlichen Güte zu entsprechen, dass einige Seiende seit Ewigkeit existierten.

Sankt Thomas antwortet darauf: Gott schuf das Seiende, damit es durch seine Teilhabe an seiner Güte die göttliche Güte darstellen kann. Eine solche Darstellung kann nicht in Form von Gleichheit erfolgen, sondern eher wie das Übermaß durch das dargestellt wird, was es übertrifft. Was die Überlegenheit der göttlichen Güte über das Seiende am besten ausdrückt, ist, dass die Seienden nicht immer existiert haben. Diese Tatsache lässt Gott ausdrücklich als das erscheinen, was er in Wirklichkeit ist: der Urheber des universellen Seins der Seienden; dass seine Handlung nicht verpflichtet ist, bestimmte oder andere Effekte zu erzeugen, wie die Natur für natürliche Effekte; und folglich, dass er durch seinen Willen und sein Verständnis handelt. *Dies wurde von denen bestritten, die die Ewigkeit der Seienden annahmen.*

Kapitel 33: Gründe derer, die die Ewigkeit der Welt behaupten, und Kapitel 36: Thomistische Gegenargumente

Gründe, die von Seiten der Geschöpfe angeführt werden: Sie versuchen zu beweisen, dass die Geschöpfe schon immer existiert haben.

1-Unter den Geschöpfen gibt es einige, die keine Potenz zum Nichtsein haben. Die Potenz zum Sein und Nichtsein ist eine Potenz zur Abwesenheit und zur Form, von denen die Materie das Subjekt ist. Die Abwesenheit ist immer mit der gegenteiligen Form verbunden, denn es ist unmöglich, dass Materie ohne jede Form existiert. Es gibt einige Seiende, in denen es keine Potenz zum Nichtsein gibt. Diese sind in ihrem Dasein notwendig. Entweder weil sie überhaupt keine Materie haben, wie die intellektuellen Substanzen; oder weil sie keinen Gegenteil haben, wie die Himmelskörper, deren Bewegung dies deutlich zeigt. Daher ist es unmöglich, dass einige Seiende, die sind, nicht sind. Daher müssen sie immer existieren.

Sankt Thomas antwortet darauf: die Notwendigkeit zu existieren, die in einigen Seienden besteht, wird von diesen Autoren aus der Notwendigkeit der Ordnung im geschaffenen Universum abgeleitet. *Aber die Notwendigkeit der Ordnung erfordert nicht die ewige Existenz dessen, was solche Notwendigkeit hat.* Zum Beispiel: Obwohl Himmelskörper keine Potenz zum Nichtsein haben, ist diese Notwendigkeit des Daseins nach ihrer Substanz sekundär. Nachdem sie erschaffen wurden, wird ihre Unmöglichkeit, nicht zu sein, zu etwas. Aber eine solche Unmöglichkeit besteht nicht, wenn wir die Erschaffung derselben Substanz betrachten, das heißt des gleichen Himmelskörpers. Gott handelt frei gemäß seinem Willen und könnte gewollt haben, dass ein solcher Himmelskörper nicht ins Dasein gerufen wird.

2-*Etwas dauert so lange im Sein, wie seine Fähigkeit zu sein, es sei denn, es handelt sich um ein Akzidens, wie es bei dem der Fall ist, was auf gewaltsame Weise verdirbt. Aber es gibt einige Geschöpfe, in denen es eine Fähigkeit zum ewigen Sein gibt. Dies ist zum Beispiel bei den intellektuellen Substanzen der Fall. Aber was einen Anfang hat, hat nicht immer existiert. Daher haben sie nicht begonnen zu existieren.*

Sankt Thomas antwortet mit dem Argument Nr. 1. Die Fähigkeit, immer zu sein, setzt die Produktion der Substanz voraus. Aber die Schöpfung dieser setzt nicht ihre Ewigkeit voraus.

3-Es ist notwendig, dass jede Bewegung von einer anderen, im Bewegten oder im Beweger, vorausgeht. Daher gibt es immer Bewegung und folglich auch Bewegte. Daher ist die Bewegung ewig. *Und so haben die Geschöpfe immer existiert, denn Gott ist absolut unbeweglich.*

Sankt Thomas antwortet: Es ist möglich, dass der unbewegliche Gott ein endliches Seiende ohne Bewegung schafft, genauso wie er es mit der Fähigkeit zur Bewegung schafft. Die Neuheit der Bewegung entspricht dem ewigen Willen, dass die Bewegung nicht immer existiert.

4-*Jeder Agent, der etwas ähnliches erzeugt, wie er selbst, strebt danach, sein spezifisches Sein dauerhaft zu bewahren, da er sein individuelles Sein nicht dauerhaft bewahren kann. Aber es ist unmöglich, dass der natürliche Appetit vergeblich ist. Daher müssen die Arten der Dinge, die erzeugt werden, ewig sein.*

Sankt Thomas antwortet: Die Tendenz natürlicher Agenten, ihre Arten zu erhalten, setzt bereits voraus, dass die natürlichen Agenten produziert worden sind, also einmal von Gott geschaffen wurden. Daher hat das vorgebrachte Argument nur in Bezug auf Dinge, die bereits im Sein existieren, d. h. geschaffen sind, Gültigkeit. Und es trifft nicht zu, wenn es um die Produktion von Dingen außerhalb der göttlichen Schöpfung geht. Zum Beispiel: Der Vater, der seinen Sohn zeugt. Er produziert oder macht ihn, aber er schafft ihn nicht.

5-Die Zeit ist das Maß der Bewegung. Die Bewegung ist der Akt des Beweglichen. Folglich, wenn die Zeit ewig ist, ist auch die Bewegung ewig. Daher existieren die Bewegten, die die geschaffenen Substanzen sind, seit Ewigkeit.

Sankt Thomas antwortet: Dieses vorgebrachte Argument setzt eher die Ewigkeit der Bewegung voraus als den Beweis für dieselbe. Ausgehend davon, dass die Zeit geschaffen ist, ist der erste Augenblick der Zeit der Anfang der Zukunft und nicht das Ende einer Vergangenheit. Und folglich ist es der Anfang der Bewegung, ohne dass irgendeine Bewegung ihm vorausgeht.

6-Die Zeit ist ewig: *Wenn die vergangene Zeit nicht immer existiert hat, entspricht dies der Zulassung ihres Nichtseins vor ihrem Sein; und ebenso, wenn sie nicht immer in der Zukunft existieren wird, muss ihr Nichtsein nach ihrem Sein liegen.* Aber das Vorher und Nachher können nur dann gegeben sein, wenn es Zeit gibt. Die Zustimmung zu dem Gesagten bedeutet, dass die vergangene Zeit notwendigerweise existiert haben würde, bevor sie zu existieren begann, und die Zukunft würde existieren, nachdem sie aufgehört hat zu existieren. Außerdem ist die Zeit ein Akzidens. Das ohne Subjekt, das nicht Gott ist, nicht existieren kann. Denn Gott steht über der Zeit. Daher folgern wir, dass irgendein geschaffenes Seiende ewig ist.

Sankt Thomas antwortet: Es gehört zur Vorstellungskraft, von der Nichtexistenz der Zeit vor der Zeit oder von der Nichtexistenz der Zeit nach ihrer Existenz zu sprechen. Um von einem Vorher und Nachher zu sprechen, muss die Zeit existieren. Die Dauer findet innerhalb der Existenz der Zeit statt, nicht außerhalb dieser. Es gibt keine Zeit, die vor der Existenz der Zeit dauert oder nachdem die Zeit nicht existiert. *Das Voranstellen des Nichtseins der Zeit vor ihrem Sein, nachdem die Zeit begonnen hat, zwingt uns nicht dazu, zu bekennen, dass die Zeit existiert, wenn behauptet wird, dass sie nicht existiert. (...) Die Vorstellungskraft kann einer vorhandenen Sache eine Maßeinheit hinzufügen; aus diesem Grund kann ein endlicher körperlicher Umfang nicht akzeptiert werden, wie im Buch III der Physik gesagt wird, so wie auch keine ewige Zeit.*

Kapitel 34: Gründe derer, die die Ewigkeit der Welt behaupten, und Kapitel 37: Gegenargumente von Sankt Thomas (3)

Gründe, die von derselben schöpferischen Handlung angeführt werden:

1-Das Urteil, das alle über die Wahrheit fällen, kann nicht falsch sein. Zum Beispiel: Es ist ein gemeinsames Urteil aller Philosophen, dass aus dem Nichts nichts entsteht. Wenn etwas gemacht wurde, musste es aus etwas gemacht worden sein. Und wenn auch dies gemacht wurde, musste es auch aus etwas anderem gemacht worden sein. Die kausale Kette kann nicht *ad infinitum* verfolgt werden, ohne dass jede Generierung verneint wird. Man muss zuerst zu etwas kommen, das nicht gemacht ist und folglich ewig ist. Da dieses erste Etwas nicht Gott ist, weil Er nicht Materie für irgendetwas sein kann, muss es zwangsläufig etwas Ewiges außerhalb Gottes geben. Dieses Etwas ist die Ur-Materie.

Auf das Sankt Thomas antwortet: Die gemeinsame Meinung der Philosophen, nach der aus dem Nichts nichts entsteht, entwickelte sich seit den Anfängen der Philosophie und erreichte die Zeiten des Doctor Angelicus mit einer anderen Bedeutung als die ursprüngliche. Dies liegt daran, dass die Philosophie ein tieferes Verständnis des Seins erlangt hat. Daher muss ihre Bedeutung jetzt anders verstanden werden. So muss die genannte Aussage jetzt auf die spezielle Produktion eines Seienden durch ein anderes angewendet werden, aber nicht auf die Produktion des Seins an sich als Sein. Jetzt erlaubt das erreichte Wissen der Philosophie, die Herkunft aller Seienden von einer ersten Ursache zu behaupten. *Aber in dieser Herkunft alles Seins von Gott aus kann nichts aus einer vorher existierenden Sache gemacht werden (...)*. Kurz gesagt: Aus dem Nichts entsteht kein bestimmtes Seiende. Aber aus dem Nichts schuf Gott das Sein der Seienden. Die vorherige Schöpfung des Seins durch Gott ermöglicht die Vermehrung der Seienden. Die Vermehrung erfolgt nicht aus dem Nichts, sondern aus dem von Gott geschaffenen Sein.

2-Jede Bewegung oder Veränderung findet in einem Subjekt statt. Denn Bewegung ist immer die Handlung eines beweglichen Objekts. Die Bewegung geht ihrem Effekt voraus. In dem Effekt endet die Bewegung. Daher muss vor allem, was gemacht wird (Effekt), ein bewegliches Subjekt (Ursache des Effekts: Bewegung) vorhanden sein. Dies kann nicht *ad infinitum* fortgesetzt werden. Folglich muss man zu einem ersten Subjekt gelangen, das immer existiert hat. Es gibt etwas Ewiges außer Gott, da Er nicht das Subjekt der Bewegung sein kann.

Auf das Sankt Thomas antwortet: Die Schöpfung ist weder mit Veränderung noch mit Bewegung verbunden. Man kann es nur metaphorisch als Veränderung bezeichnen, wenn man das Geschaffene als existierend nach dem Nichtsein betrachtet. Und auch das angeführte Bewegungskonzept ist nicht relevant, wenn man bedenkt, dass jede Bewegung eine Veränderung im Verhalten zwischen einem Vorher und einem Nachher voraussetzt. Denn das, was überhaupt nicht existiert, verhält sich überhaupt nicht, so dass man nicht schließen kann, dass es, wenn es zu existieren beginnt, sich anders verhält als zuvor.

3-Bevor etwas existiert, muss es in Potenz existieren. Da wir diese kausale Kette nicht *ad infinitum* fortsetzen können, muss man ein erstes potentielles Subjekt akzeptieren, das immer existiert hat. Es gibt etwas Ewiges außer Gott, da Er nicht das Subjekt der Bewegung sein kann.

Auf das Sankt Thomas antwortet: *Es ist nicht notwendig, dass irgendeine passive Potenz zur Existenz des geschaffenen Seins führt*. Die Möglichkeit zu existieren, die das geschaffene Seiende hatte, bevor es existierte, beruht auf der Potenz des Agenten, durch den es begann zu sein, und nicht auf einer vermeintlichen passiven Potenz eines nicht existierenden Seienden. Passive Potenz wird bei der Produktion von bereits produzierten Seienden benötigt. Von Seienden, die der Bewegung unterliegen.

4-Alles, was gemacht wird, wird aus etwas gemacht oder von etwas gemacht. Die Handlung als Akzidens kann ohne das etwas, von dem aus die handelnde Handlung erfolgt, nicht existieren. Diese kausale Kette kann nicht *ad infinitum* fortgesetzt werden. Folglich ist das erste "etwas", aus dem oder von dem aus gemacht wird, nicht gemacht, sondern ewig. Es ergibt sich auch, dass es etwas Ewiges neben Gott gibt, da Er nicht derjenige sein kann, der in der Produktion handelt, die Bewegung erfordert.

Darauf antwortet der heilige Thomas: Bei dem, was durch Bewegung entsteht, ist es unmöglich, dass das Werden des Seienden gleichzeitig mit dem Existieren gegeben ist. Das Sein wird im Hinblick auf das Existieren geschaffen. In der Bewegung gibt es eine Abfolge. Zuerst wird das Seiende erzeugt, und dann existiert es. Es wird aus etwas hervorgebracht, das vorher existiert und auf das es einwirkt. Dies gilt jedoch nicht für die göttliche Schöpfung, bei der es weder Bewegung noch Abfolge gibt. Folglich kann es ein gleichzeitiges Werden und Existieren geben. Gott schafft und gibt gleichzeitig Existenz.

Kapitel 38: Gründe, mit denen einige behaupten, dass die Welt nicht ewig ist

Da diese Gründe nicht vollständig notwendig sind, obwohl sie wahrscheinlich sind, widerlegt Sankt Thomas sie:

1-*Es ist bewiesen, dass Gott Ursache aller Dinge ist, und die Ursache muss in ihrer Dauer dem vorausgehen, was durch die Handlung der Ursache geschieht.*

Auf das Sankt Thomas antwortet: Die Aussage ist in Agenten wahr, die etwas durch Bewegung tun, und daher dem Zeitpunkt (der Dauer der Bewegung) unterliegen. Aber sie ist nicht auf Gott anwendbar, der sofort handelt. Der außerhalb von Zeit und Bewegung ist.

2-*Da alles Geschaffene von Gott geschaffen ist, kann man nicht sagen, dass es aus einem anderen Sein gemacht wurde, und so muss man sagen, dass es aus dem Nichts gemacht wurde und folglich das Sein nach dem Nichtsein hat.*

Darauf antwortet der heilige Thomas: Das Gegenteil des Satzes, "etwas aus etwas gemacht werden", ist "nicht aus etwas gemacht werden" und nicht "aus dem Nichts gemacht werden", wie behauptet wird. Aus diesem

Grund kann nicht gefolgert werden, dass etwas nach dem Nichtsein gemacht wird.

3-*Da das Unendliche unüberwindbar ist, wenn die Welt immer existiert hätte, müssten bereits unendlich viele Augenblicke vergangen sein, weil das Vergangene bereits vergangen ist; wenn die Welt also immer existiert hat, sind bereits unendlich viele Tage oder Sonnenrevolutionen vergangen.*

Auf das Sankt Thomas antwortet: Auch wenn das Unendliche nicht gleichzeitig existiert, kann es sukzessive existieren. In diesem Fall ist jede gegebene Unendlichkeit endlich. In diesem Fall konnte jede der vorangegangenen Revolutionen passieren, weil sie endlich war. *Wenn die Welt jedoch immer existiert hätte, könnte zwischen allen von ihnen nicht gleichzeitig ein erstes bestimmt werden, und daher auch nicht der Übergang, der immer zwei Endpunkte erfordert.*

4-*Es folgt auch, dass durch Hinzufügen eines weiteren Tages zu den vergangenen Tagen und Sonnenrevolutionen etwas zum Unendlichen hinzugefügt würde.*

Auf das Sankt Thomas antwortet: Nichts hindert daran, etwas zum Unendlichen hinzuzufügen, soweit es endlich ist. Denn durch die Behauptung einer ewigen Zeit ist sie vorher unendlich, aber nachher endlich, *weil die Gegenwart das Ende der Vergangenheit ist.*

5-Da die Welt immer existiert hat, hat es immer Generation gegeben. In der die Ursache für immer weitergeht. Das heißt: Die kausale Kette von effizienten Ursachen ist unendlich, weil die Ursache des Kindes der Vater ist, und die dieses anderen und so weiter unbestimmt.

Auf das Sankt Thomas antwortet: Nach den Philosophen ist ein unendlicher Prozess in den effizienten Ursachen unmöglich, wenn es um Ursachen geht, die gleichzeitig wirken. Denn es wäre notwendig, dass das Ergebnis von unendlichen gleichzeitig existierenden Handlungen abhängt. Dies sind unendliche Ursachen, weil ihre Unendlichkeit für das

Verursachte erforderlich ist. Aber bei denen, die nicht gleichzeitig handeln, ist dies nicht unmöglich, gemäß denen, die die ewige Generation verteidigen. Eine solche Unendlichkeit ist Akzidentell für die Ursachen. *Für den Vater des Sokrates ist es zwar akzidentiell, ob er der Sohn eines anderen ist oder nicht; aber für den Stab ist es, soweit er den Stein bewegt, nicht akzidentiell, dass er von der Hand bewegt wird, denn er bewegt sich, soweit er bewegt wird.*

6-Daraus wird sich außerdem ergeben, dass das Unendliche in Akt gegeben wird, das heißt, die unsterblichen Seelen unendlicher vergangener Menschen.

Auf das Sankt Thomas antwortet: Das Ziel des göttlichen Willens beim Schöpfen ist die Manifestation seiner Güte in dem, was geschaffen wurde. Wir haben bereits gesagt, dass die Macht Gottes und seine Güte hauptsächlich dann scheinen, wenn alles Existierende außer ihm selbst nicht immer existiert hat; denn wenn es nicht immer existiert hat, zeigt sich, dass alles andere außer ihm von ihm Existenz erhalten hat. *Es wird auch gezeigt, dass er nicht aus natürlicher Notwendigkeit handelt und eine unendliche operative Macht hat. Daher war es äußerst angebracht für die göttliche Güte, den Dingen einen Beginn der Dauer zu geben.*

Zusammenfassung der dargelegten Ideen

1-Gott hat die Dinge aus dem Sein des Nichts gemacht. Das heißt: Gott benötigt keine vorherige Materie, um in der Produktion seiner Effekte zu handeln.

2-Schaffen ist exklusiv für Gott. Schaffen ist, etwas aus dem absoluten Nichts zu machen. Daher muss es von dem gemacht werden, der die Ursache des Seins als solche ist, weil die Effekte proportional zu ihren Ursachen reduziert werden.

3-Gott handelt bei der Produktion seiner Effekte als universeller Agent und nicht als spezifischer, weil er die universelle Ursache des Seins in allen Seienden ist.

4-Da Gott das Erste Sein und die Erste Ursache ist, kann er nicht das Ergebnis von etwas oder jemandem sein; zum Beispiel kann er nicht das Ergebnis der Materie sein. Daher, wenn eine Materie gefunden wird, die der göttlichen Aktion angemessen ist, ist es absolut notwendig, dass Gott die Ursache dieser Materie ist. Mit einem Wort: Gott muss sie schaffen. Folglich benötigt Gott nicht unbedingt vorherige Materie, um zu handeln.

5-Die Schöpfung ist keine Bewegung oder Veränderung. In der Bewegung und Veränderung muss etwas vorhanden sein, das sich vorher und nachher in unterschiedlichen Situationen befindet. Aber im Fall der Schöpfung, bei der die gesamte Substanz der Sache im Sein produziert wird, kann es kein Vorher und Nachher geben. Es ist unmöglich, dass dasselbe Ding auf eine Weise existiert, bevor es geschaffen wird, und auf eine andere Weise danach, denn dann würde es nicht geschaffen werden, sondern vorausgesetzt. Daher ist die Schöpfung keine Bewegung oder Veränderung.

6-Die Schöpfung ist die Produktion des Seins. Akzidenzien und Formen sind in anderem. Substanzen sind in sich selbst. Nachdem die Substanzen geschaffen wurden, werden Akzidenzien und Formen geschaffen.

7-In der Schöpfung gibt es keine Abfolge, die für Bewegung charakteristisch ist. Es gibt keine quantitative oder qualitative Teilung des Seins, dh es gibt kein Mehr und Weniger, kein Vorher und Nachher.

8-Die Schöpfung erfolgt sofort. Daher ist eine Sache, sobald sie geschaffen wird, bereits geschaffen.

9-Kein Körper kann schaffen.

10-Gott kann alles, außer das Widersprüchliche. Das heißt, das, was in sich die Vernunft des Nichtseins enthält. Zusammenfassend: Unter

Berücksichtigung der oben genannten Ausnahme kann Gott alle Effekte und nicht nur einen einzigen Effekt bewirken.

11-Gott schafft freiwillig, nicht aus Notwendigkeit. Daher ist es nicht notwendig, dass es immer geschaffene Seiende gab.

12-Es gibt einige geschaffene Seiende, die naturgemäß und absolut notwendig sind. Nichts hindert daran, dass Gott es so gewollt hat. Es handelt sich um jene Seienden, die keine Möglichkeit haben, nicht zu sein. Zum Beispiel: die Engel und die Himmelskörper.

ZUM ABSCHLUSS

1-Wie kann der Begriff der Schöpfung philosophisch verstanden werden?
Der Begriff der Schöpfung kann philosophisch in vier Sinnen verstanden werden.

2-Welche sind diese vier Sinnen?
Diese vier Sinne sind wie folgt: 1-<u>Schöpfung verstanden als menschliche Produktion von etwas aus einer vorherigen Realität heraus</u>. Dies ist der Fall bei der menschlichen Produktion kultureller Güter, insbesondere der Produktion oder künstlerischen Schöpfung. 2-<u>Schöpfung verstanden als natürliche Produktion von etwas aus etwas Vorhandenem</u>. Dies wurde insbesondere von Autoren verwendet, die die Hypothese der Evolution der Welt und der biologischen Arten kultiviert haben. 3-<u>Schöpfung als göttliche Produktion von etwas aus einer vorherigen Realität</u>. Gemäß derer aus dem Chaos eine Ordnung entsteht. Es wurde ausführlich von den Griechen behandelt. 4 <u>Göttliche Produktion von etwas aus dem Nichts oder creatio *ex nihilo*</u>. Dies ist der eigentliche Sinn der jüdisch-christlichen Tradition und derjenige, der uns besonders interessiert.

3-In welchem Werk erklärt Plato sein Konzept der Schöpfung?
Er erklärt es im *Timaios*. Dies ist ein Dialog, der in seinem hohen Alter geschrieben wurde, etwa um das Jahr 360 v.Chr.

4-Wie erklärt Plato die Schöpfung?
Er erklärt die Schöpfung mythologisch anhand der Figur des Demiurgen. Für Plato ist der Demiurg Gott. Die Welt, die wir kennen, ist das Ergebnis seines Eingreifens. Er beginnt seine schöpferische Tätigkeit aus einer Materie, die immer existiert hat; und nicht aus dem Nichts, sondern aus Unordnung oder Chaos. Er nimmt die Formen oder Wesenheiten der Welt der Ideen als Vorbilder für sein Design. Letztendlich besteht sein Akt darin, aus vorgegebenen Elementen (Materie und Ideen) Ordnung ins Chaos zu bringen. Mehr als ein Schöpfer ist er ein Organisator. Mehr als Gott ist er eine ordnende Vernunft.

5-Was ist Aristoteles' Konzept der Schöpfung?
Aristoteles hat kein Konzept über die Schöpfung. Für ihn ist die Welt ewig. Sie hat immer existiert. Sie wurde von niemandem erschaffen. Zumindest ist dies die allgemein bekannte Interpretation seiner Lehre. Obwohl es Dissens gibt.

6-Woher leitet Aristoteles seine entgegengesetzten Ideen zur Schöpfung ab?
Er leitet sie von seiner Vorstellung von der Bewegung ab, die, wie wir bereits wissen, jede Veränderung oder Mutation in den Seienden umfasst. Nach ihm, wenn die Zeit beginnen könnte zu sein, müsste es eine Zeit vor der Zeit gegeben haben. Aber das ist widersprüchlich. Nun, da die Zeit wesentlich mit der Bewegung verbunden ist (die Zeit misst die Bewegung der Seienden), muss auch diese ewig sein. Und wenn die Bewegung immer existiert hat, muss auch immer eine bewegende Ursache existiert haben, da Bewegung nur in einem bewegenden Objekt existiert. Folglich hat die Welt immer existiert.

7-Ist der Erste Beweger ein schöpferischer Gott?
Nein, er ist kein schöpferischer Gott. Die Welt wurde nie erschaffen. Er initiiert die Bewegung. Dass er "Erster" ist, sollte nicht zeitlich verstanden werden, sondern im Sinne von Höchster: Der Erste Beweger ist die ewige Quelle der ewigen Bewegung. Er wirkt als Endursache der Seienden, indem er sie zu sich zieht. Er "formt" die Welt, indem er eine Quelle des Verlangens ist. Aber er erschafft nichts. Er ist unkörperlich und unbeweglich. Rein geistig. Er beschäftigt sich mit Denken.

8-Wer war Philo von Alexandria?
Auch Philo der Hebräer oder Philo der Jude genannt, ist die Hauptfigur der jüdisch-hellenistischen Philosophie. Er wurde etwa 25 v. Chr. in der Stadt Alexandria geboren und starb etwas nach dem Jahr 40 in Rom. Seine Arbeit war hauptsächlich apologetisch, er versuchte, das Erbe seines Volkes mit der heidnischen Weisheit in Einklang zu bringen.

9-Von wo aus beginnt seine philosophische Reflexion?
Sie beginnt mit dem Alten Testament. Sein Konzept der Schöpfung vereint die biblische Lehre mit der griechischen Tradition. Er führt das Konzept der Schöpfung ein, wie wir es heute verstehen, nämlich als Produktion aus dem Nichts. Damit bricht er mit dem westlichen philosophischen Denken. Tatsächlich war diese Idee unbekannt.

10-In welchem Werk entwickelt er seine Lehre über die Schöpfung?
De opificio mundi ist seine Abhandlung über die Erschaffung der Welt, die viele Anklänge an den *Timaios* aufweist. In diesem erkennt er zahlreiche Parallelen zwischen der platonischen Kosmogonie und der mosaischen Schöpfungsgeschichte. Er konzentriert sich auf die ersten drei Kapitel der *Genesis*.

11-Worin besteht seine Lehre von der Schöpfung?
Der Ursprung der Welt wird einem nicht erschaffenen Schöpfer zugeschrieben, der sich um das kümmert, was er geschaffen hat. Er schafft aus dem Nichts, wobei dies als Schöpfung aus einer ewigen Materie im Sinne der griechischen Philosophie verstanden wird. Gott ist kein einfacher Bildner oder Handwerker, wie der platonische Demiurg. Gott hat die Welt durch das *Logos* erschaffen, das sie regiert und bewahrt.

12-Wer war Plotin?
Er war ein griechischer Philosoph. Er wurde 203 oder 204 geboren. Sein Schüler Porphyrius bevorzugt das Jahr 205 oder 206. Er gilt als Begründer des Neuplatonismus. Obwohl er kein Christ war, zeichnete er sich durch eine tiefe Spiritualität aus.

13-Was ist seine Lehre von der Schöpfung?
Er erklärt den Ursprung der Welt aus dem Konzept der Emanation heraus. Er lehnt die Schöpfung aus dem Nichts ab. Er spricht vom Einen oder Gott. Dieser ist vor allem Existierenden und kann nicht mit einem der Seienden verwechselt werden. Alles strömt aus dem Einen in absteigenden Prozessionen. Zuerst strahlt der *Nous* aus, und aus diesem die Seele, genannt Hypostasen. Es sind zwei Arten von nichtgöttlichem Sein. Im

Nous residieren die platonischen Ideen oder Formen. Alles, was aus dem Einen fließt, geschieht aus Notwendigkeit: der Überfluss seiner Güte überströmt die Seienden, die er "erschafft". Aus der Seele fließen die Natur und die Materie.

14-Wer war der heilige Augustinus?
Der heilige Augustinus war ein Kirchenvater, Bischof, Theologe und römischer Philosoph, geboren am 13. November 354 in Tagaste und gestorben in Hippo, während seiner Belagerung durch die Vandalen, am 28. August 430. Er versucht, seine christlichen Ideen mit dem Platonismus und Neuplatonismus zu verbinden.

15-Welches grundlegende Konzept übernimmt und ändert er aus der platonischen Tradition?
Er übernimmt das Konzept der Urbilderideen aus der platonischen Tradition. Es sind die Ideen, Formen oder wesentlichen Substanzen, die im *Topos Uranos* existieren. Die Frage ist, dass Augustinus sie von dort nimmt und in den Verstand Gottes stellt, der seine Weisheit, das *Logos* oder das Wort ist.

16-Wie ist seine Lehre von der Schöpfung?
Er hält an der Schöpfung aus dem Nichts fest, durch einen Akt des freien Willens Gottes. Diese Lehre war im Neuplatonismus nicht vorhanden. Gott erschafft zuerst die Materie und verleiht ihr Form. Es gibt keine Urmaterie. Materie und Form sind miteinander verbunden. Die Schöpfung aus dem Nichts ist als Schöpfung aus der von Gott geschaffenen Materie zu verstehen. Die Zeit entsteht mit der Schöpfung. Sie begann zusammen mit ihr zu existieren. Die Schöpfung ist gleichzeitig und sukzessiv. Durch einen einzigen Akt erschafft Gott alles Existierende, die Mineralien in dem Zustand, in dem sie für immer bleiben werden, und die Lebewesen in ihren *rationes seminales*. Diese werden unter geeigneten Bedingungen und gemäß dem vorherigen göttlichen Plan lebendes Sein hervorbringen.

17-Welche Merkmale hat die Philosophie des Pseudo-Dionysius Areopagita?
Sein System ist neuplatonisch und stark von Proklos (411-485) beeinflusst. In diesem Autor sind Gott - sein Wissen - die Schöpfung tief miteinander verbunden. Er versucht, die neuplatonische Theorie der Emanation mit der christlichen Lehre der Schöpfung zu kombinieren. Er mildert den Einfluss der Philosophie mit der Lehre der Schriften.

18-Wie ist seine Lehre von der Schöpfung?
Er spricht von Emanation, nicht von Schöpfung. Die Seienden entstehen aus Gott durch Prozesse, die außerhalb von Ihm stattfinden. Er erschafft alles aus den exemplarischen und archetypischen Ideen in seinem Geist. Gott ist die effiziente und letzte Ursache aller Seienden. Gott zieht alle Dinge zu sich hin wie das Gute. Die Welt und die Dinge fließen aus der göttlichen Güte, an der alle teilhaben. Dieser Prozess scheint eher eine natürliche Wirkung als eine freie Handlung des göttlichen Willens zu sein.

19-Wer war Johan Scotus Erigena?
Johan Scotus Erigena war ein Geistlicher und Philosoph, der 810 in Irland geboren wurde und 877 starb.

20-Welche Merkmale hat seine Philosophie?
Er produzierte das erste große philosophische System des Mittelalters. Damit stehen wir am Anfang der Scholastik. Stark beeinflusst vom Pseudo-Dionysius war sein neuplatonischer intellektueller Hintergrund offensichtlich. Er bemühte sich, die Lehre von der freien und willentlichen Schöpfung Gottes in der Zeit und die neuplatonische Lehre von der Emanation zu bekräftigen. Dies führte zu wirklich verwirrenden Texten. Es sind zwei Denkrichtungen, die zu verschiedenen Interpretationen führen.

21-Was ist die Natur für Erigena?
Für Erigena ist "Natur" die Realität und bedeutet: 1-Die natürliche Welt. 2-Gott. 3-Die übernatürliche Welt.

22-Wie teilt Erigena die Natur auf?

In seinem Werk *Über die Einteilung der Natur (De divisione naturae)* teilt er die Natur in vier Arten ein: 1-<u>Natur, die schafft und nicht geschaffen ist</u> (Unerschaffene schaffende Natur). Bezieht sich auf Gott, als transzendent über allem. 2-<u>Natur, die geschaffen ist und schafft</u> (Geschaffene schaffende Natur). Bezieht sich auf Ideen, Formen oder Wesenheiten. 3-<u>Natur, die geschaffen ist und nicht schafft</u> (Geschaffene nicht schaffende Natur). Bezieht sich auf die geistigen und materiellen Geschöpfe, in denen Gott sich manifestiert. 4-<u>Natur, die weder schafft noch geschaffen ist</u> (Ungeschaffene nicht schaffende Natur). Gott als Ziel von allem.

23-Wie ist seine Lehre von der Schöpfung?
Die göttliche Güte erschuf alle Dinge aus dem Nichts, indem sie die in ihrem Geist existierenden Ideen (genannt *praedestinationes*), die das göttliche Wort sind, als Modell nahm. Aus dem Nichts zu erschaffen *(ex nihilo)* bedeutet die Verneinung oder vorausgehende Abwesenheit jeglicher Essenz oder Substanz und aller Dinge, die erschaffen wurden. Dies bringt eine Originalität mit sich. Er behauptet, dass auf gewisse Weise Gott in den Geschöpfen erschaffen ist, dass er in den Dingen, die er erschafft, gemacht wird, dass er in den Dingen, die anfangen zu sein, anfängt zu sein. Die Geschöpfe sind eine Theophanie. Scotus leugnet nicht die Schöpfung, sondern leugnet, dass Gott die Welt auf die einzige Weise macht oder erschafft, wie wir "machen" oder "erschaffen" verstehen. Nämlich als einen Akzidens, der unter eine bestimmte Kategorie fällt. Für ihn sind das Existenz und die Essenz Gottes und sein Schöpfungsakt ontologisch dasselbe. Sie sind kein Akzidens. Sie sind Gott selbst in seiner Essenz.

24-Was bedeutet Schöpfen für Thomas von Aquin?
Schöpfen bedeutet eigentlich, das universelle Sein aller Seienden zu verursachen oder zu produzieren.

25-Warum werden die Seienden von Gott geschaffen?
Weil Gott die Erste Ursache der Welt ist (Zweite Weise), und weil die endlichen Seienden kontingente Seiende sind, die ihre Existenz dem

notwendigen Sein verdanken (Dritte Weise), müssen die Seienden von Gott durch Schöpfung stammen.

26-Was ist die Schöpfung?

Die Schöpfung ist der Ursprung aller Seienden durch die universelle Ursache, die Gott ist. Schöpfung ist nicht der Ursprung eines bestimmten Seienden von einem anderen bestimmten Seienden, wie der Mensch vom Menschen. Dies letztere ist Emanation oder Generation. Die Schöpfung ist ein fortgesetztes Werk: Gott führt über alles Geschaffene eine erhaltende und unterstützende Tätigkeit aus. Er hat erschaffen und lässt seine Schöpfung nicht allein.

27-Wie ist der Schöpferakt?

Der Schöpferakt ist ein notwendig ewiger Akt, aber sein äußerer Effekt (die Welt) ist es nicht: Gott erschafft ewig im Zeitlichen. Die Wahrheit dieses letzten Punktes wurde von den Philosophen nicht bewiesen, aber sie konnten auch das Gegenteil nicht beweisen.

28-Was folgt aus der Aussage, dass Gott einzigartig ist?

Es folgt notwendigerweise: 1-Alle Dinge außer Gott sind nicht ihr eigenes Sein, sondern sie nehmen am Sein teil. 2-Alle Seienden, die mehr oder weniger vollkommen sind aufgrund dieser unterschiedlichen Teilhabe, haben als Ursache ein erstes Sein, das vollkommen ist (Vierte Weise).

29-Wo befinden sich die Ideen im thomistischen System?

In Gottes Geist befinden sich die Ideen alles Existierenden. Diese Ideen sind die exemplarischen Formen aller Seienden. Obwohl diese Formen in Bezug auf jedes einzelne Seiende multipliziert werden und folglich von vielen geteilt werden können, sind sie wirklich nichts anderes als die göttliche Essenz. Daher kann gesagt werden, dass Gott die erste exemplarische Ursache von allem ist, was existiert.

30-Wie viele und welche Dimensionen hat die Schöpfung?

Sie hat zwei Dimensionen: aktiv und passiv. Die Schöpfung, die aktiv betrachtet wird, ist die Handlung Gottes, die die Welt aus dem Nichts hervorbringt. Die Schöpfung, die passiv betrachtet wird, ist die Emanation aus dem Nichts und aus seiner Ursache, den wir dem Universum als ersten Werden zuschreiben.

31-Wie erschafft Gott?
Gott erschafft: 1-<u>Nicht wie ein Künstler</u>. Der Künstler macht etwas aus etwas. Und dieses Etwas wird seiner Handlung vorausgesetzt. Es wird nicht durch dieselbe Handlung des Künstlers produziert. Aber Gott ist es, der allen Dingen das Sein verleiht. Nichts ist vor Gott, bevor er ihm das Sein gibt. Daher muss man sagen, dass Gott die Dinge in ihrem Sein aus dem Nichts hervorbringt. 2-<u>Ohne Bewegung oder Veränderung</u>. Die Schöpfung in der Kreatur ist nichts anderes als eine reale Beziehung zum Schöpfer als Grund ihres Seins. Diese Beziehung ist von der Kreatur. Sie könnte niemals von Gott sein, denn in ihm gibt es keine Akzidens. In diesem letzten Sinne ist es nur eine Beziehung der Vernunft. 3-<u>Freiwillig</u>. Gott erschafft nicht aus natürlicher Notwendigkeit.

32-Was bedeutet "das Nichts"?
Das Nichts entspricht der Negation alles Seins. Daher, wie die Geburt des Menschen aus dem Nichtsein des Nichtmenschen erfolgt, so erfolgt auch die Schöpfung, die die Emanation des gesamten Seins ist, aus dem Nichtsein, das das Nichts ist.

33-Was soll verstanden werden, wenn wir sagen, dass "Gott die Welt aus dem Nichts erschaffen hat"?
Wenn wir sagen, dass Gott die Welt aus dem Nichts erschaffen hat, soll verstanden werden: 1-Dass zuerst nichts war und dann etwas war. 2-Dass Gott "nicht aus etwas" erschafft. Das Nichts ist nicht das Material, aus dem Gott die Welt gemacht hat.

34-Wie ist die Beziehung der Schöpfung zur Zeit?
Die Zeit wird mit den Dingen geschaffen. Auf diese Weise schafft Gott aus dem Nichts und in der Zeit. Es wird nicht gesagt, dass die Dinge am Anfang der Zeit geschaffen wurden, im Sinne davon, dass dieser Anfang

der Zeit das Maß der Schöpfung ist. Es wird in der Zeit gesagt, weil Himmel und Erde gleichzeitig mit ihr erschaffen wurden.

35-Können Geschöpfe erschaffen?
Nein, sie können es nicht. Kein Geschöpf kann etwas schaffen, weder durch seine eigene Macht noch als Instrument Gottes.

36-Warum erschafft Gott?
Jeder Agent handelt auf ein Ziel hin. Gott ist sein eigenes Ziel. Er versucht nur, seine Vollkommenheit zu kommunizieren, die seine Güte ist. Im Gegensatz dazu versuchen alle Geschöpfe, ihre Vollkommenheit zu erreichen, die darin besteht, der Vollkommenheit und Güte Gottes ähnlich zu sein. Daher ist die göttliche Güte das Ziel aller Dinge.

37-Was sollen angemessen geschaffene Seiende genannt werden?
Angemessen sollten geschaffene Seiende diejenigen genannt werden, die ihr Sein von sich aus haben. Diese sind angemessen die subsistenten Seiende, sei es einfach, wie die getrennten Substanzen (Engel, menschliche Seele), sei es zusammengesetzt, wie die körperlichen Substanzen. Daher fallen weder Formen noch Akzidenzien in diese Überlegung.

38-Wie können wir die thomistische Lehre von der Schöpfung zusammenfassen?
Wir können sie in folgendem Satz zusammenfassen: Die Schöpfung ist das Werk Gottes aus dem Nichts, freiwillig, wobei er die vorhandenen Ideen im göttlichen Geist als Modell hat, um seine Güte auszubreiten.

39-Wie können wir die platonische Lehre der Schöpfung zusammenfassen?
Wir können sie in folgendem Satz zusammenfassen: Die Gestaltung der Welt ist das Werk des Demiurgen aus der präexistenten, ewigen und ungeschaffenen Materie, die er willentlich nimmt, wobei er die außerhalb von ihm existierenden Ideen als Vorbild nimmt, um das universelle Chaos zu ordnen.

40-Wie können wir die aristotelische Lehre der Schöpfung zusammenfassen?

Wir können sie in folgendem Satz zusammenfassen: Die Welt ist ungeschaffen. Ihr charakteristisches Merkmal ist die ewige Bewegung, die vom ersten unbeweglichen, immateriellen und willenlosen Beweger verursacht wird, der alle Seiende zu sich hinzieht, als letzte Ursache der Bewegung.

41-Wie können wir die Lehre von Philon von Alexandria über die Schöpfung zusammenfassen?

Wir können sie in folgendem Satz zusammenfassen: Die Schöpfung ist das Werk Gottes aus der ungeschaffenen Materie, freiwillig, wobei er das *Logos* als Instrument zur Durchführung hat, das die Ideen als Modell hat, um seine Güte auszubreiten.

42-Wie können wir die Lehre von Plotin über die Schöpfung zusammenfassen?

Wir können sie in folgendem Satz zusammenfassen: Die Schöpfung ist das Werk Gottes als Emanation aus der ewigen Materie, aus der Notwendigkeit seiner Natur, die in Vollkommenheiten überfließt.

43-Wie können wir die Lehre von Augustinus über die Schöpfung zusammenfassen?

Wir können sie in folgendem Satz zusammenfassen: Die Schöpfung ist das Werk Gottes, gleichzeitig und sukzessive, vollständig in einigen Seiende, in ihren *rationes seminales* in Bezug auf andere, aus dem Nichts, freiwillig, wobei er die exemplarischen Ideen in seinem Geist vorhanden als Modell hat, um seine Güte auszubreiten.

44-Wie können wir die Lehre des Pseudo-Dionysius Areopagita über die Schöpfung zusammenfassen?

Wir können sie in folgendem Satz zusammenfassen: Die Schöpfung ist das Werk Gottes aus externen Prozessionen zu ihm (Emanation), freiwillig, wobei er die "Vorbestimmungen", die in seinem göttlichen Verstand existieren, als Modell nimmt, um seine Güte zu erweitern.

45-Wie können wir die Lehre von Johannes Scotus Eriugena über die Schöpfung zusammenfassen?
Wir können sie in folgendem Satz zusammenfassen: Die Schöpfung ist das Werk Gottes aus dem Nichts, verstanden als Abwesenheit aller Existenz (einschließlich Gott selbst), wobei er die "ursprünglichen Ursachen" oder "Prädestinationen", die im Verstand des Wortes entstehen, als Modell nimmt, aufgrund des Überflusses seiner Güte..

ENDNOTEN

[1] Vgl. FERRATER MORA JOSÉ. *Diccionario de Filosofía. Tomo I.* Stichwort konsultiert: "Creación". Editorial Sudamericana. Buenos Aires. Quinta Edición. Seite 367.
[2] Die Übersetzung lautet: *Aus dem Nichts entsteht nichts.*
[3] BEUCHOT MAURICIO. *El concepto de creación en Santo Tomás y algunos antecedentes suyos.* Revista Española de Filosofía Medieval. N° 17.Universidad de Córdoba. España. 2010. Seiten 73-80.
[4] SAUNAS GUSTAVO OMAR. *Mythos: una forma de logos en el Timeo de Platón.* Revista de Filosofía y Teoría Política. N°. 31-32. Memoria Académica. Universidad Nacional de La Plata. Argentina. 1996. Seiten 259-264.
[5] Vgl. FERRARI FRANCO. *El "mito" del demiurgo y la interpretación del Timeo.* Cuadernos de filosofía. N° 60. Instituto de Filosofía *Dr. Alejandro Korn.* Facultad de Filosofía y Letras. Buenos Aires. 2013. Seiten 5-16.
[6] TOMASINI BASSOLS ALEJANDRO y MACERI SANDRA BEATRIZ. *Demiurgo versus Motor inmóvil: cosmología y metafísica en Platón y Aristóteles.* Revista de filosofía. Volumen 39. N°119. Universidad Iberoamericana. México. 2007. Seiten 45-76.
[7] BEUCHOT MAURICIO. *El concepto de creación en Santo Tomás y algunos antecedentes suyos.* Revista Española de Filosofía Medieval. N° 17.Universidad de Córdoba. España. 2010. Seiten 73-80.
[8] Vgl. FERRARI FRANCO. *El "mito" del demiurgo y la interpretación del Timeo.* Cuadernos de filosofía. N° 60. Instituto de Filosofía *Dr. Alejandro Korn.* Facultad de Filosofía y Letras. Buenos Aires. 2013. Seiten 5-16.
[9] Vgl. FERRARI FRANCO. *El "mito" del demiurgo y la interpretación del Timeo.* Cuadernos de filosofía. N° 60. Instituto de Filosofía *Dr. Alejandro Korn.* Facultad de Filosofía y Letras. Buenos Aires. 2013. Seiten 5-16.
[10] COPLESTON FREDERICK. *Historia de la Filosofía. Tomo I. Grecia y Roma* Editorial Ariel. Barcelona. 1994. Seite 171.
[11] Vgl. COPLESTON FREDERICK. *Historia de la Filosofía. Tomo I. Grecia y Roma* Editorial Ariel. Barcelona. 1994. Seite 169.
[12] TOMASINI BASSOLS ALEJANDRO y MACERI SANDRA BEATRIZ. *Demiurgo versus Motor inmóvil: cosmología y metafísica en Platón y Aristóteles.* Revista de filosofía. Volumen 39. N°119. Universidad Iberoamericana. México. 2007. Seiten 45-76.
[13] COPLESTON FREDERICK. *Historia de la Filosofía. Tomo I. Grecia y Roma* Editorial Ariel. Barcelona. 1994. Seite 173.
[14] Vgl. HIRSCHBERGER JOANNES. *Breve historia de la filosofía.*

Editorial Herder. Barcelona. 1977. Seite 46.

[15]Vgl. FERRARI FRANCO. *El "mito" del demiurgo y la interpretación del Timeo.* Cuadernos de filosofía. N° 60. Instituto de Filosofía *Dr. Alejandro Korn.* Facultad de Filosofía y Letras. Buenos Aires. 2013. Seiten 5-16.

[16]Vgl. GILSON ÉTIENNE. *El Tomismo.* Ediciones Desclée, de Brouwer. Buenos Aires. 1951. Seite 209.

[17]BEUCHOT MAURICIO. *El concepto de creación en Santo Tomás y algunos antecedentes suyos.* Revista Española de Filosofía Medieval. N° 17.Universidad de Córdoba. España. 2010. Seiten 73-80.

[18]Vgl. BERTI ENRICO. *La causalidad del motor inmóvil según Aristóteles.* Sapientia. Volumen LXVIII. Fascículo 231-232. Universidad Católica Argentina. Buenos Aires. 2012. Seiten 5-22.

[19]COPLESTON FREDERICK. *Historia de la Filosofía. Tomo I. Grecia y Roma* Editorial Ariel. Barcelona. 1994. Seite 276.

[20]COPLESTON FREDERICK. *Historia de la Filosofía. Tomo I. Grecia y Roma* Editorial Ariel. Barcelona. 1994. Seite 277.

[21]COPLESTON FREDERICK. *Historia de la Filosofía. Tomo I. Grecia y Roma* Editorial Ariel. Barcelona. 1994. Seite 277.

[22]Es gibt keine Einigkeit über sein Geburts- und Todesdatum, das von 30 v. Chr. bis 50 n. Chr. reicht, je nach den Autoren.

[23]LÓPEZ FÉREZ, JUAN ANTONIO. *Filón de Alejandría : Obra y pensamiento. Una lectura filológica.* Synthesis Volumen 16. Universidad Nacional de La Plata. Argentina. 2009. Seiten 13-82.

[24]COPLESTON FREDERICK. *Historia de la Filosofía. Tomo I. Grecia y Roma* Editorial Ariel. Barcelona. 1994. Seite 403.

[25]HIRSCHBERGER JOANNES. *Breve historia de la filosofía.* Editorial Herder. Barcelona. 1977. Seite 78.

[26]LÓPEZ FÉREZ, JUAN ANTONIO. *Filón de Alejandría : Obra y pensamiento. Una lectura filológica.* Synthesis Volumen 16. Universidad Nacional de La Plata. Argentina. 2009. Seiten 13-82.

[27]COPLESTON FREDERICK. *Historia de la Filosofía. Tomo I. Grecia y Roma* Editorial Ariel. Barcelona. 1994. Seite 404.

[28]BEUCHOT MAURICIO. *El concepto de creación en Santo Tomás y algunos antecedentes suyos.* Revista Española de Filosofía Medieval. N° 17.Universidad de Córdoba. España. 2010. Seiten 73-80.

[29]HIRSCHBERGER JOANNES. *Breve historia de la filosofía.* Editorial Herder. Barcelona. 1977. Seite 78.

[30]Vgl. LÓPEZ FÉREZ, JUAN ANTONIO. *Filón de Alejandría : Obra y pensamiento. Una lectura filológica.* Synthesis Volumen 16. Universidad

Nacional de La Plata. Argentina. 2009. Seiten 13-82.
[31] Vgl. COPLESTON FREDERICK. *Historia de la Filosofía. Tomo I. Grecia y Roma* Editorial Ariel. Barcelona. 1994. Seite 404.
[32] HIRSCHBERGER JOANNES. *Breve historia de la filosofía.* Editorial Herder. Barcelona. 1977. Seite 78.
[33] Vgl. COPLESTON FREDERICK. *Historia de la Filosofía. Tomo I. Grecia y Roma* Editorial Ariel. Barcelona. 1994. Seite 404.
[34] COPLESTON FREDERICK. *Historia de la Filosofía. Tomo I. Grecia y Roma* Editorial Ariel. Barcelona. 1994. Seite 405.
[35] BEUCHOT MAURICIO. *El concepto de creación en Santo Tomás y algunos antecedentes suyos.* Revista Española de Filosofía Medieval. Nº 17. Universidad de Córdoba. España. 2010. Seiten 73-80.
[36] HIRSCHBERGER JOANNES. *Breve historia de la filosofía.* Editorial Herder. Barcelona. 1977. Seite 79.
[37] COPLESTON FREDERICK. *Historia de la Filosofía. Tomo I. Grecia y Roma* Editorial Ariel. Barcelona. 1994. Seiten 406-407.
[38] Vgl. HIRSCHBERGER JOANNES. *Breve historia de la filosofía.* Editorial Herder. Barcelona. 1977. Seite 79.
[39] BEUCHOT MAURICIO. *El concepto de creación en Santo Tomás y algunos antecedentes suyos.* Revista Española de Filosofía Medieval. Nº 17. Universidad de Córdoba. España. 2010. Seiten 73-80.
[40] HIRSCHBERGER JOANNES. *Breve historia de la filosofía.* Editorial Herder. Barcelona. 1977. Seite 83.
[41] HIRSCHBERGER JOANNES. *Breve historia de la filosofía.* Editorial Herder. Barcelona. 1977. Seiten 77-78.
[42] Vgl. HIRSCHBERGER JOANNES. *Breve historia de la filosofía.* Editorial Herder. Barcelona. 1977. Seiende 79.
[43] COPLESTON FREDERICK. *Historia de la Filosofía. Tomo I. Grecia y Roma* Editorial Ariel. Barcelona. 1994. Seite 410.
[44] COPLESTON FREDERICK. *Historia de la Filosofía. Tomo I. Grecia y Roma* Editorial Ariel. Barcelona. 1994. Seite 411.
[45] COPLESTON FREDERICK. *Historia de la Filosofía. Tomo I. Grecia y Roma* Editorial Ariel. Barcelona. 1994. Seite 411.
[46] HIRSCHBERGER JOANNES. *Breve historia de la filosofía.* Editorial Herder. Barcelona. 1977. Seite 80.
[47] BEUCHOT MAURICIO. *El concepto de creación en Santo Tomás y algunos antecedentes suyos.* Revista Española de Filosofía Medieval. Nº 17. Universidad de Córdoba. España. 2010. Seiten 73-80.
[48] COPLESTON FREDERICK. *Historia de la Filosofía. Tomo I. Grecia y Roma* Editorial Ariel. Barcelona. 1994. Seite 412.

⁴⁹HIRSCHBERGER JOANNES. *Breve historia de la filosofía*. Editorial Herder. Barcelona. 1977. Seite 81.
⁵⁰Numidia erstreckte sich zwischen dem heutigen Algerien und einem Teil Tunesiens.
⁵¹HIRSCHBERGER JOANNES. *Breve historia de la filosofía*. Editorial Herder. Barcelona. 1977. Seite 91.
⁵²COPLESTON FREDERICK. *Historia de la Filosofía. Tomo II. De San Agustín a Escoto*. Editorial Ariel. Barcelona. 1994. Seite 62.
⁵³COPLESTON FREDERICK. *Historia de la Filosofía. Tomo II. De San Agustín a Escoto*. Editorial Ariel. Barcelona. 1994. Seite 43.
⁵⁴BEUCHOT MAURICIO. *El concepto de creación en Santo Tomás y algunos antecedentes suyos*. Revista Española de Filosofía Medieval. N° 17. Universidad de Córdoba. España. 2010. Seiten 73-80.
⁵⁵COPLESTON FREDERICK. *Historia de la Filosofía. Tomo II. De San Agustín a Escoto*. Editorial Ariel. Barcelona. 1994. Seite 62.
⁵⁶Vgl. HIRSCHBERGER JOANNES. *Breve historia de la filosofía*. Editorial Herder. Barcelona. 1977. Seite 94.
⁵⁷COPLESTON FREDERICK. *Historia de la Filosofía. Tomo II. De San Agustín a Escoto*. Editorial Ariel. Barcelona. 1994. Seiten 62-63.
⁵⁸BEUCHOT MAURICIO. *El concepto de creación en Santo Tomás y algunos antecedentes suyos*. Revista Española de Filosofía Medieval. N° 17. Universidad de Córdoba. España. 2010. Seiten 73-80.
⁵⁹Vgl. COPLESTON FREDERICK. *Historia de la Filosofía. Tomo II. De San Agustín a Escoto*. Editorial Ariel. Barcelona. 1994. Seiten 63-64.
⁶⁰COPLESTON FREDERICK. *Historia de la Filosofía. Tomo II. De San Agustín a Escoto*. Editorial Ariel. Barcelona. 1994. Seite 64.
⁶¹Agustin interpretiert "Tag" nicht im Sinne unseres vierundzwanzigstündigen Tages. Beachten Sie, dass gemäß *Genesis* die Sonne erst am vierten "Tag" gemacht wurde.
⁶²Vgl. BEUCHOT MAURICIO. *El concepto de creación en Santo Tomás y algunos antecedentes suyos*. Revista Española de Filosofía Medieval. N° 17. Universidad de Córdoba. España. 2010. Seiten 73-80.
⁶³HIRSCHBERGER JOANNES. *Breve historia de la filosofía*. Editorial Herder. Barcelona. 1977. Seite 83.
⁶⁴SCHAFER CHRISTIAN. *Apuntes sobre la filosofía de Dionisio (pseudo)Areopagita*. Revista Española de Filosofía Medieval, N° 11. 2004. Seiten 29-47.
⁶⁵OCHOA HUGO. *El sentido de la pregunta por los nombres de Dios en Pseudo Dionisio Areopagita y Clarence Finlayson*. Teología y vida. Volumen N° 4. Facultad de Teología. Pontificia Universidad Católica de

Chile. Santiago de Chile. 2016. Seiten 431-456.

[66]COPLESTON FREDERICK. *Historia de la Filosofía. Tomo II. De San Agustín a Escoto.* Editorial Ariel. Barcelona. 1994. Seite 80.

[67]OCHOA HUGO. *El sentido de la pregunta por los nombres de Dios en Pseudo Dionisio Areopagita y Clarence Finlayson.* Teología y vida. Volumen N° 4. Facultad de Teología. Pontificia Universidad Católica de Chile. Santiago de Chile. 2016. Seiten 431-456.

[68]SCHAFER CHRISTIAN. *Apuntes sobre la filosofía de Dionisio (pseudo)Areopagita.* Revista Española de Filosofía Medieval, N° 11. 2004. Seiten 29-47.

[69]HIRSCHBERGER JOANNES. *Breve historia de la filosofía.* Editorial Herder. Barcelona. 1977. Seite 102.

[70]COPLESTON FREDERICK. *Historia de la Filosofía. Tomo II. De San Agustín a Escoto.* Editorial Ariel. Barcelona. 1994. Seite 93.

[71]HIRSCHBERGER JOANNES. *Breve historia de la filosofía.* Editorial Herder. Barcelona. 1977. Seite 107.

[72]COPLESTON FREDERICK. *Historia de la Filosofía. Tomo II. De San Agustín a Escoto.* Editorial Ariel. Barcelona. 1994. Seite 100.

[73]BEUCHOT MAURICIO. *El concepto de creación en Santo Tomás y algunos antecedentes suyos.* Revista Española de Filosofía Medieval. N° 17.Universidad de Córdoba. España. 2010. Seiten 73-80.

[74]COPLESTON FREDERICK. *Historia de la Filosofía. Tomo II. De San Agustín a Escoto.* Editorial Ariel. Barcelona. 1994. Seite 100.

[75]COPLESTON FREDERICK. *Historia de la Filosofía. Tomo II. De San Agustín a Escoto.* Editorial Ariel. Barcelona. 1994. Seite 97.

[76]COPLESTON FREDERICK. *Historia de la Filosofía. Tomo II. De San Agustín a Escoto.* Editorial Ariel. Barcelona. 1994. Seite 97.

[77]COPLESTON FREDERICK. *Historia de la Filosofía. Tomo II. De San Agustín a Escoto.* Editorial Ariel. Barcelona. 1994. Seite 99.

[78]BEUCHOT MAURICIO. *El concepto de creación en Santo Tomás y algunos antecedentes suyos.* Revista Española de Filosofía Medieval. N° 17.Universidad de Córdoba. España. 2010. Seiten 73-80.

[79]COPLESTON FREDERICK. *Historia de la Filosofía. Tomo II. De San Agustín a Escoto.* Editorial Ariel. Barcelona. 1994. Seite 101.

[80]COPLESTON FREDERICK. *Historia de la Filosofía. Tomo II. De San Agustín a Escoto.* Editorial Ariel. Barcelona. 1994. Seiten 101-102.

[81]BEUCHOT MAURICIO. *El concepto de creación en Santo Tomás y algunos antecedentes suyos.* Revista Española de Filosofía Medieval. N° 17.Universidad de Córdoba. España. 2010. Seiten 73-80.

[82]Vgl VON AQUIN, THOMAS (SANKT). *Summa Theologiae* I, q.45, a.6,

Resp.
[83] Vgl. COPLESTON FREDERICK. *Historia de la Filosofía. Tomo II. De San Agustín a Escoto.* Editorial Ariel. Barcelona. 1994. Seite 294.
[84] FERRATER MORA JOSÉ. *Diccionario de Filosofía. Tomo I.* Stichwort konsultiert: "Creación". Editorial Sudamericana. Buenos Aires. Quinta Edición. Seite 368.
[85] SERTILLANGES A.D. *Santo Tomás de Aquino. Tomo I.* Ediciones Desclée de Brouwer. Buenos Aires. 1946. Seite 303.
[86] GILSON ÉTIENNE. *El Tomismo.* Ediciones Desclée, de Brouwer. Buenos Aires. 1951. Seite 178.
[87] Vgl VON AQUIN, THOMAS (SANKT). *Summa Theologiae* I, q.45 a.5 Resp.
[88] AQUINAS, ST. THOMAS. *The Summa Theologica.* Latin & English. Translated by Fathers of the English Dominican Province. Benziger Bros. Edition. 1947. I, q.45 a.4 ad.1. https://isidore.co/aquinas/summa/index.html.
[89] GILSON ÉTIENNE. *El Tomismo.* Ediciones Desclée, de Brouwer. Buenos Aires. 1951. Seite 179.
[90] Vgl VON AQUIN, THOMAS (SANKT). *Summa Theologiae* I, q.44 a.1 Resp.
[91] Vgl VON AQUIN, THOMAS (SANKT). *Summa Theologiae* I, q.44 a.3 Resp.
[92] FORMENT EUDALDO. *Id a Tomás. Principios fundamentales del pensamiento de Santo Tomás.* Segunda edición. Fundación Gratis Date. Pamplona 2005. Seite 37.
[93] Vgl. FORMENT EUDALDO. *Id a Tomás. Principios fundamentales del pensamiento de Santo Tomás.* Segunda edición. Fundación Gratis Date. Pamplona 2005. Seite 38.
[94] Vgl VON AQUIN, THOMAS (SANKT). *Summa Theologiae* I, q.45 a.2 Resp.
[95] Vgl VON AQUIN, THOMAS (SANKT). *Summa Theologiae* I, q.45 a.1 Resp.
[96] FERRATER MORA JOSÉ. *Diccionario de Filosofía. Tomo I.* Stichwort konsultiert: "Creación". Editorial Sudamericana. Buenos Aires. Quinta Edición. Seite 368.
[97] COPLESTON FREDERICK. *Historia de la Filosofía. Tomo II. De San Agustín a Escoto.* Editorial Ariel. Barcelona. 1994. Seite 294.
[98] AQUINAS THOMAS. *Quaestiones disputatae de potentia Dei. On the power of God.* Translated by the English Dominican Fathers. Westminster, Maryland: The Newman Press, 1952, reprint of 1932. Html edition by Joseph Kenny, O.P. Q.3 a.4 ad.2

[99] Vgl. VON AQUIN, THOMAS (SANKT). *Summa Theologiae* I, q.46 a.3 ad.1.
[100] Vgl. VON AQUIN, THOMAS (SANKT). *Summa Theologiae* I, q.45 a.3 Resp.
[101] COPLESTON FREDERICK. *Historia de la Filosofía. Tomo II. De San Agustín a Escoto*. Editorial Ariel. Barcelona. 1994. Seite 295.
[102] SERTILLANGES A.D. *Santo Tomás de Aquino. Tomo I*. Ediciones Desclée de Brouwer. Buenos Aires. 1946. Seite 306.
[103] SERTILLANGES A.D. *Santo Tomás de Aquino. Tomo I*. Ediciones Desclée de Brouwer. Buenos Aires. 1946. Seite 307.
[104] SERTILLANGES A.D. *Santo Tomás de Aquino. Tomo I*. Ediciones Desclée de Brouwer. Buenos Aires. 1946. Seite 307.
[105] Vgl. COPLESTON FREDERICK. *El pensamiento de Santo Tomás de Aquino*. Traducción de Elsa Cecilia Frost Fondo de Cultura Económica. México.1960. Seiten 155-156.
[106] Vgl. VON AQUIN, THOMAS (SANKT). *Summa Theologiae* I, q.46 a.1 Resp.
[107] Vgl VON AQUIN, THOMAS (SANKT). *Summa Theologiae* I, q.46 a.1 ad.1.
[108] Vgl VON AQUIN, THOMAS (SANKT). *Summa Theologiae* I, q.46 a.2 ad.5.
[109] Vgl VON AQUIN, THOMAS (SANKT). *Summa Theologiae* I, q.44 a.4 Resp. *in fine*.
[110] Vgl VON AQUIN, THOMAS (SANKT). *Summa Theologiae* I, q.45 a.4 Resp.
[111] Vgl. COPLESTON FREDERICK. *El pensamiento de Santo Tomás de Aquino*. Traducción de Elsa Cecilia Frost Fondo de Cultura Económica. México.1960. Seiten 58-59.
[112] Vgl. COPLESTON FREDERICK. *El pensamiento de Santo Tomás de Aquino*. Traducción de Elsa Cecilia Frost Fondo de Cultura Económica. México.1960. Seite 158.
[113] GILSON ÉTIENNE. *El Tomismo*. Ediciones Desclée, de Brouwer. Buenos Aires. 1951. Seite 177.
[114] Vgl. GILSON ÉTIENNE. *El Tomismo*. Ediciones Desclée, de Brouwer. Buenos Aires. 1951. Seiten 176-177.

www.ingramcontent.com/pod-product-compliance
Lightning Source LLC
Chambersburg PA
CBHW071059240526
45471CB00016B/2159